工程地质认识与分析

黄治云　刘鸿燕　王明秋　裘　灵　编

中国地质大学出版社有限责任公司
ZHONGGUO DIZHI DAXUE CHUBANSHE YOUXIAN ZEREN GONGSI

前　言

为贯彻落实教育部《关于支持高等职业学校提升专业服务产业发展能力的通知》（教职成［2011］11号）精神，提升水文与工程地质勘察专业服务产业发展能力，为重庆统筹城乡建设、三峡库区建设和西部建设提供高端技能型水文与工程地质类人才，教育部高等教育司组织有关高等职业学校重新构建基于工作过程的课程体系，其中《工程地质认识与分析》为该课程体系中核心课程之一。

本书是编者结合多年从事工程地质勘察和教学工作经验，在充分吸收、借鉴近年来出版的相关教材优点和工程地质学科所取得的最新成果的基础上编写而成的。编写力求做到结构严谨、内容精炼、概念清晰。考虑到与本专业已开设的《地质作用分析》《矿物岩石鉴定》《地质构造判别与分析》以及《工程地质勘察方法》等课程的分工和衔接，省略了较多基础地质分析与勘察方法等内容，突出了西部建设中经常遭受滑坡、危岩、泥石流、地震、矿井突水等不良地质作用的特点。全书共分三大部分，第一部分为基础知识，包括土与土体、岩石与岩体工程性质以及地下水基础；第二部分为不良地质作用，包括滑坡、危岩、泥石流、地震等；第三部分为工程地质问题的认识与分析，介绍了房屋建筑、洞室围岩以及道路与桥梁工程地质问题。由于土木工程类型繁多，不同学科专业的侧重点各不相同，希望教师在具体教学过程中，根据各自的学科专业特点及要求对教学内容作适当取舍。

本书由黄治云主编，刘鸿燕、王明秋和裴灵任副主编。具体编写分工如下：黄治云编写前言、绪论、第一章、第四章、第六章、第八章和第十章；刘鸿燕编写第二章、第五章和第九章的第一节、第二节；王明秋编写第三章、第七章、第九章的第三节和第四节；文中插图主要由裴灵清绘。全书由黄治云统稿。编写过程中李北平教授、徐智彬副教授、粟俊江博士、李东林博士、成六三博士以及重庆长江工程勘察设计研究院、重庆市地质矿产勘查南江水文地质工程地质队、重庆一三六地质矿产有限责任公司、重庆松藻煤电有限责任公司等行业专家参与了教材体系的讨论，在此表示感谢！

由于编者水平有限，教材中缺点和错误在所难免，恳请各位读者对教材中的错误和不妥之处予以指正。

最后，向本书中所引用文献和研究成果的众多作者表示最诚挚的谢意。

编　者

2013年8月

目　录

第三篇　工程地质问题的认识与分析

绪 论

一、工程地质的性质与任务

工程地质是研究与工程建设有关的地质问题的科学，是为工程建设服务的一门学科，属于地质学的一个分支。

世界上任何建（构）筑物，如住房、厂房、铁路、公路、桥梁、隧道、机场、港口、管道及水利水电工程等，都是修建在地壳表层（地表或地表下一定深度的地方）的地质环境之中，工程建筑与地质环境之间存在着相互制约、相互作用的关系。一方面，地质环境以一定的作用影响工程建筑的安全稳定、经济合理性和正常使用；另一方面，建筑物的兴建又会以各种方式反作用于地质环境，使自然地质条件发生变化，最终又影响到建筑物本身的安全、稳定和正常使用。工程地质的研究对象就是工程建筑与地质环境之间的相互制约和相互作用，研究的目的是促使两者之间的矛盾得到转化和解决。

工程地质为工程建设服务是通过工程地质勘察来实现的。它通过勘察和分析研究，阐明建筑场区的工程地质条件，指出并评价存在的问题，为建筑物的设计、施工和使用提供所需的地质资料。

工程地质的基本任务可概括为以下几个方面：一是区域稳定性研究与评价；二是地基稳定性研究与评价；三是环境影响评价。其具体任务如下。

（1）研究建筑场区工程地质条件，指出有利因素和不利因素，阐明工程地质条件的特征及其变化规律。

（2）分析存在的工程地质问题，进行定性和定量评价，预测发生的可能性、规模和发展趋势。

（3）选择地质条件较好的地段作为建筑场地，并根据场地的工程地质条件合理配置各个建筑物。

（4）研究工程建筑物兴建后对地质环境的影响，提出合理利用和保护的建议。

二、工程地质的研究内容

工程地质勘察的目的在于查明建筑场地的工程地质条件，工程地质条件是各种对工程建筑有影响的地质因素的总称，也称为工程地质环境，主要包括如下几方面的内容。

（一）地形地貌

地形是指地表高低起伏状况，斜坡陡缓程度与沟谷宽窄及形态特征等；地貌则说明地形形成的原因、过程和时代。平原区、丘陵区和山丘地区的地形起伏、土层厚薄和基岩出露情况、地下水埋藏特征和地表地质作用现象都具有不同的特征，这些因素都直接影响到建筑场地和路线的选择。

（二）地层岩性

地层岩性是最基本的工程地质因素，包括岩土的成因、时代、岩性、产状、变质程度、风化特征、软弱夹层以及物理力学性质等。

（三）地质构造

地质构造也是工程地质工作研究的基本对象，包括褶皱、断层、裂隙的分布和特征。地质构造，特别是形成时代新、规模大的活动断裂，对地震等灾害具有控制作用，因而对建筑物的安全稳定、沉降变形等研究具有重要意义。

（四）水文地质条件

水文地质条件是重要的工程地质因素，包括地下水的成因、埋藏、分布、动态变化和化学成分等。

（五）不良地质现象

不良地质现象是现代地表地质作用的反映，与工程区地形、气候、岩性、构造、地下水和地表水作用密切相关，主要包括滑坡、崩塌、岩溶、泥石流、风沙移动、河流冲刷和风化等，对评价建筑物的稳定性和预测工程地质条件的变化意义重大。

（六）天然建筑材料

工程建设中所需的岩土建筑材料的分布、类型、品质、开采条件、储量及运输条件等，也是工程地质条件中的一个重要因素。

三、工程地质的研究方法

工程地质的主要研究方法包括地质学方法、实验和测试方法、计算方法和模拟方法。

（一）地质学方法

地质学方法即自然历史分析法，是运用地质学理论，查明工程地质条件和地质现象的空间分布，分析研究其产生过程和发展趋势，并进行定性判断的方法。利用地质学方法所得结果虽然是定性的，但因为它往往具有区域性或趋势性规律，所以对工程活动的规划选点、可行性研究或者工程活动的战略布局具有重要的指导意义。它是工程地质研究的基本方法，也是其他研究方法的基础。

（二）实验和测试方法

实验和测试方法，包括测定岩、土体特性参数的实验，地应力的方向和量级的测试，以及对地质作用随时间延续而发展的监测等，其结果可为工程设计或防护措施的制定提供必要的数据。在信息技术迅速发展的各种测试手段不断完善的今天，工程地质的研究已经不再局限于传统的定性分析和评价，而是在定性评价的基础上，将地质学与现代岩土力学、数学和力学、计算机科学和测试技术有机地结合起来，进行定量的计算和评价。因此，实验和测试对工程地质问题的解决越来越重要，其成果的准确性对评价结果具有至关重要的影响，不管计算模型和方法多么正确，只要参数不正确，得到的结果就不可能反映实际情况。

（三）计算方法

计算方法包括应用统计数学方法对测试数据进行统计分析，利用理论或经验公式对已测得的有关数据进行计算，从而定量评价工程地质问题。

（四）模拟方法

模拟方法可以分为物理模拟（也称工程地质力学模拟）和数值模拟。二者主要通过地质研究深入分析地质原型，查明各种边界条件，并在利用实验研究获得有关参数的基础上，结合工程的实际情况，正确地抽象出工程地质模型，然后利用相似材料或各种数学方法，再现和预测地质作用的发生和发展过程。基于正确的岩土力学模型和参量的物理和数值模拟分析，可以在短时间内重现和预测地质问题发生和发展的全过程，经过与地质原型和现象观测的对比，若能达到拟合，即可验证概念模型，使之上升为对系统全面的理性认识，成为理论模式。物理模拟多用来获取特征点的物理量，数值模拟则可获得全场的物理量，并可方便地模拟不同情况下，工程场地变形和破坏发展的过程及演化规律，两者配合使用可以得到更好的效果。

计算机技术在工程地质学领域中的应用，不仅使过去难以完成的复杂计算成为可能，而且能够对数据资料进行自动储存、检索和处理，甚至能够将专家们的智慧存储在计算机中，以备查询和处理疑难问题。

四、工程地质的发展历史及趋势

工程地质产生于地质学的发展和人类工程活动经验的积累。第一次世界大战结束后，整个世界开始进入了大规模建设时期。1929 年，奥地利太沙基出版了世界上第一部《工程地质学》。1937 年，前苏联萨瓦连斯基的《工程地质学》问世。第二次世界大战以后，各国都有一个稳定的和平环境，工程建设发展迅速，工程地质在这个阶段迅速发展，成为地球科学的一个独立分支学科。

在中国，工程地质的发展基本上始于 20 世纪 50 年代。从引进前苏联工程地质学理论和方法开始，经过不断地工程实践和理论创新，我国工程地质得到了突飞猛进的发展，取得了显著成就，积累了大量经验，在一定程度上形成了具有中国特色的工程地质学体系。一大批工程地质学家为新中国的建设发挥了巨大的作用，特别是谷德振、刘国昌等老一辈工程地质学家开创的区域稳定性问题研究，为我国重大工程建设作出了突出贡献，在国际学术界具有重要的影响。

国际上，工程地质的发展具有如下趋势。

（一）工程地质的全球概念

工程地质是从地球科学中产生出来的，因而其发展受到地球科学的影响。最近 20 年来，地球科学的全球观念发展得很快，产生了如全球构造、全球变化、地球系统科学等概念。事实上，只有从全球演化角度来看待不同地区的工程地质问题，才可能理解地质系统的多样性，并进行全球性的工程地质经验和理论的对比。

（二）工程地质的人地调谐观念

工程地质本质上就是研究工程与地质、人与地球关系的学科，所以人地调谐观念对于工程地质思维来说不应太生疏。工程地质学家已经把包括灾害防治在内的环境保护和合理利用方面的研究作为义不容辞的责任。地球圈层演化、水岩、水土作用，重大工程环境影响评价等问题已成为国际工程界学术研讨的重点。

（三）综合集成概念和趋势

在工程地质领域中历来就很重视综合评价和决策，所谓综合集成是指不同学科知识的交叉结合、不同来源知识的交叉结合，形成总体的评价和决策。

五、本课程的学习方法和要求

本课程的教学目的是使学生了解工程建设中经常遇到的工程地质现象和问题，以及这些现象和问题对工程建筑设计、施工和使用过程产生的影响，并能合理利用自然地质条件，正确处理工程设计、施工和营运中的工程地质问题。

学生学习本课程后，应达到如下基本要求。

(1) 掌握一定的工程地质基础知识和理论。包括第四纪沉积物特征、第四纪地貌、岩土物理力学性质、地下水类型及其作用等。

(2) 初步掌握滑坡、泥石流等地质灾害的发育条件，掌握稳定性评价方法与防治措施。

(3) 初步掌握地震破坏与影响因素、抗震设防及标准、地震效应与设计反应谱的确定；初步掌握活动断层的识别与评价方法。

(4) 初步掌握常见工程活动所涉及的工程地质条件及工程地质问题的评价和分析方法。

工程地质学是一门实践性很强的学科。学习本课程重要的不是死记硬背某些条文，而是要学会解决问题的方法，学会具体问题具体分析，并能做到举一反三。为了加强对工程地质现象与问题的感性认识，教师除讲课外，还应安排实验课及野外地质教学实习，以巩固课堂理论教学。本课程教学过程中，应积极采用多媒体教学，配合有关地质科教片、幻灯片、地质教学模型等直观教具，增强地质感性认识，提高教学效果。学生在学习过程中，课堂上要注意学习和掌握工程地质学的基本理论；野外地质实习和日常生活中，要多观察和了解与工程有关的一些地质现象，如地形地貌、地层岩性、地质构造、水文地质和不良地质现象等内容，以增加感性认识，扩大视野，巩固课本所学内容。

第一篇 基础知识

第一章 第四纪地质与地貌

第一节 第四纪地质

一、第四纪地质概况

第四纪是新生代最晚的一个纪，其下限一般认为是 2.6Ma，分为更新世和全新世，更新世又可分为早、中、晚三期（表 1－1）。这一时期地球上出现了人类，这是最重大的事件。北京周口店的石灰岩洞穴中发现了大约生活在四五十万年以前的北京猿人头盖骨化石及其使用的工具。

表 1－1 第四纪地质年代表

地质年代			绝对年龄（万年）	
纪	世		距今时间	时间间隔
第四纪 Q	全新世 Q_4		1	1
	更新世	晚更新世 Q_3	10	9
		中更新世 Q_2	73	63
		早更新世 Q_1	200	127

第四纪时期地壳有过强烈的活动，为了与第四纪以前的地壳运动相区别，把第四纪以来发生的地壳运动称为新构造运动。地球上巨大块体大规模的水平运动、火山喷发、地震等都是地壳运动的表现。第四纪气候多变，曾出现大规模冰川活动的时期。地区新构造运动的特征，对于工程区域稳定性问题的评价是一个基本要素。

二、第四纪气候与冰川活动

第四纪气候冷暖变化频繁，气候寒冷时期冰雪覆盖面积扩大，冰川作用强烈，称为冰期；气候温暖时期，冰川面积缩小，称为间冰期。第四纪冰期在晚新生代冰期中规模最大，地球上的高、中纬度地区普遍被巨厚冰层覆盖。当时气候干燥，因而沙漠面积扩大。中国大陆在冰期时，海平面下降，渤海、东海、黄海均为陆地，台湾与大陆相连，气候干燥，风沙盛行，黄土堆积作用强烈。第四纪冰川不仅规模大而且频繁。根据深海沉积物研究，第四纪冰川作用有 20 次之多，而近 80 万年来每隔 10 万年有一次冰期和间冰期。

三、第四纪沉积物

（一）残积物（Q^{el}）

岩石经物理风化和化学风化作用后残留在原地的碎屑物称残积物或残积土，因其成层覆盖在地表，故又称残积层。残积物向上逐渐过渡为土壤层。土壤层直接分布在地表，因富含有机质颜色较深或有植物根系分布于其中。残积层向下逐渐过渡为半风化岩石和新鲜基岩。

残积物不具层理，粒度和成分受气候条件和母岩岩性控制。在干旱或寒冷地区，化学风化作用微弱而以物理风化作用为主，岩石风化产物多为棱角状的砂、砾等粗碎屑物质，其中缺少黏土矿物。在垂直剖面上，上部碎屑的粒径较小，向下部逐渐变大。半干旱地区，除物理风化作用外，尚可有化学风化作用进行，残积物中常形成黏土矿物、铁的氢氧化物与钙、镁碳酸盐和石膏等。气候潮湿地区，化学风化作用活跃，物理风化作用不发育，残积物主要由黏土矿物组成，厚度也相应增大。气候湿热地区，残积物中除黏土矿物外，铝土矿和铁的氢氧化物含量高，常为红色。

残积物成分与母岩岩性关系密切。花岗岩的残积物中常含有由长石分解形成的黏土矿物，而石英则破碎成为细砂。石灰岩的残积物往往成为红黏土。碎屑沉积岩的残积物在外观上变化不大，仅恢复其未固结前松散状态的特征。

残积物的厚度往往与地形条件有关，在陡坡和山顶部位常被侵蚀而厚度较小，平缓的斜坡和山谷低洼处因不易被侵蚀而厚度较大。

残积物表部土壤层孔隙率大、压缩性高、强度低，而其下部常常是夹碎石或砂粒的黏性土或是被黏性土充填的碎石土、砂砾土，其强度较高。

（二）坡积物（Q^{dl}）

雨水或雪水将高处的风化碎屑物质洗刷而向下搬运，或由本身的重力作用，堆积在平缓的斜坡或坡脚处，成为坡积物。

坡积物的成分与高处的岩石性质往往有关。坡积物一般不具层理，有时局部可有层理。碎屑物一般呈棱角状或因经一段距离搬运而呈次棱角状。坡积物可以具有一定分选性，由于重力作用，比较粗大的碎屑物往往堆积在紧靠斜坡的位置，而细小的碎屑和黏土则分布在离斜坡稍远处。

坡积物厚度变化较大。在陡坡地段较薄，而在坡脚处较厚。

（三）洪积物（Q^{pl}）

洪积物是由大雨或融雪水将山区或高地的大量碎屑物沿冲沟搬运到山前或山坡的低平地带堆积而成。洪积物在沟口往往呈扇状分布，扇顶在沟口，向山前低平地带展开，称为洪积扇。

洪积扇一般分为上、中和下三部分（图 1-1），它们具有不同的工程地质特征。上部多以砾石、卵石为主要成分，其强度高、压缩性小，可作为工业、民用建筑的良好地基，但其孔隙大，透水性强不易建坝。中部以砂土为主，下部以黏性土为主，它们一般都是良好的地基，主要分布在砂土向黏性土过渡地带及黏性土分布地带，受透水性的差异及地下水埋藏浅等因素的影响，常有泉水出露，形成沼泽，沼泽地带泥炭层强度低、压缩性大。

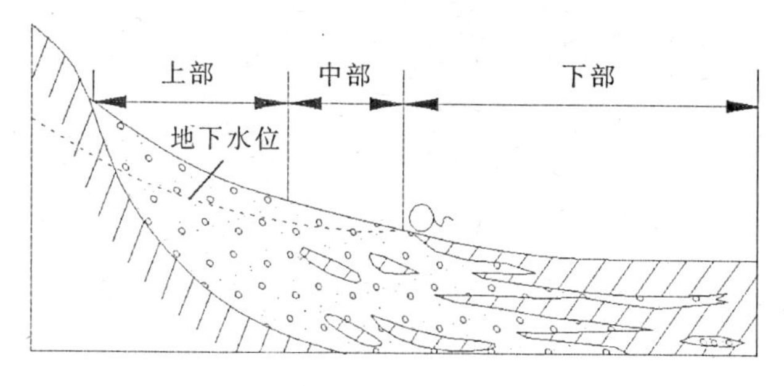

图1-1　洪积扇沉积物
（据胡广韬等，1983年改编）

（四）冲积物（Q^{al}）

河流沉积物简称为冲积物。根据形成条件和环境分为河床冲积物、河漫滩冲积物、牛轭湖冲积物和河口三角洲冲积物。它们具有一些共同的特性：因受河流长期搬运，其碎屑物的磨圆度和分选性都较好；具有清楚的层理构造；具有良好的韵律性，表现在剖面上两种或两种以上沉积物交替、重复出现。例如卵石层、粗砂层构成的组合多次重复出现；除水平层理外，冲积物中交错层理往往很发育。

因河床水流速度大，山区河流或河流上游河床冲积物大多是粗大的石块、砾石和粗砂，河流中下游或平原区河流河床沉积物逐渐变细，但厚度增大。河漫滩冲积物主要分布于河流的中下游和平原区河流。洪水期河水漫溢，河漫滩被淹没，沉积的土粒较细，为粉土、粉质黏土或黏土。河漫滩冲积物之下常为早先河床沉积的砾、砂和粉细砂。这样河漫滩沉积及下面的河床沉积一起构成了二元结构。牛轭湖是河流废弃的弯道。牛轭湖静水环境中沉积形成淤泥和泥炭层，洪水期成为溢洪区，上部被细砂或粉质黏土覆盖。河口三角洲冲积物是在河流入海、入湖处，由所搬运的大量细小碎屑物沉积而成，其面积广、厚度大，并常有淤泥质土和淤泥分布。大面积河漫滩和河口三角洲是冲积平原的主要类型，也常是人口聚集、经济较发达地区。

冲积物的工程地质特征可概括介绍如下：古河床冲积物的压缩性低、强度较高，是良好的建筑地基。现代河床冲积物密实度较差、透水性强，尤其不利于作为水工建筑物地基。河漫滩及阶地冲积物一般都是较好的地基，但要注意其中的软弱夹层以及粉细砂的振动液化问题。牛轭湖冲积物常是一些压缩性很高而承载力很低的软弱土层，不宜作为建筑物天然地基。三角洲冲积物常呈饱和状态，承载力较低。但三角洲冲积物最上层，因长期干燥比较硬实，承载力较下面高，俗称“硬壳层”，可用作低层建筑物的天然地基。

（五）湖泊沉积物（Q^{l}）

湖泊是大陆上主要的沉积场所。一般来说，搬运动力由湖岸向湖心逐渐减弱。较粗的砾、砂沉积在湖岸附近，具有较好的磨圆度及明显的层理和交错层理，并形成湖滩、沙洲、沙坝及沙嘴等地形。而较细的碎屑物质被带到湖心发生沉积，湖心沉积物颗粒度小，为黏土和淤泥，常夹有粉砂、细砂薄层。

湖岸沉积物以近岸的承载力高，远岸较差。湖心沉积物一般压缩性高、强度很低。

湖泊淤塞后可变成沼泽，地表水聚集或地下水出露的洼地也会形成沼泽。沼泽沉积物主要由腐烂的植物残体、泥炭和部分黏土与细砂组成沼泽土。泥炭含水量极高、承载力低，一般不宜用作天然地基。

（六）海洋沉积物（Q^m）

根据海底地形起伏和海水深度，由岸向海洋方向分为滨海带、浅海带、大陆斜坡和深海带。

滨海带碎屑物质具很好的磨圆和分选，一般都具有高承载力，但透水性强。

浅海位于大陆架主体上，水深下限为200m。碎屑物主要来自于大陆，有细粒砂土、黏性土及淤泥，水平层理和交错层理十分发育。浅海沉积物较滨海沉积物疏松、含水量高、压缩性大而强度低。

大陆斜坡和深海沉积以生物软泥、黏土及粉细砂为主。海洋沉积物中，水下海底表层的砂砾层稳定性差，选择它作为地基时应注意海浪作用下发生移动变化的可能。

（七）风积物（Q^{eol}）

风积物是指经过风的搬运而沉积下来的堆积物。风积物主要以风积砂为主，其次为黄土。风积物成分由砂和粉粒组成，其岩性松散，一般分选性好、孔隙度高、活动性强，通常不具层理，只有在沉积条件发生变化时才产生层理和斜层理，工程性能较差。

（八）混合成因的沉积物

混合成因的沉积物保持原成因特征，常见的有残积坡积物、坡积洪积物和洪积冲积物等。

第二节　第四纪地貌

地貌是指在各种地质应力作用下形成的地球表面各种形态外貌的总称。地貌形态大小不等、千姿百态、成因复杂。大如大陆、山岳、平原等，其形成主要与地球内力地质作用有关；小如冲沟、洪积扇、溶洞和岩溶漏斗等，主要由外力地质作用塑造而成。

一、地貌按形态分类

可按地貌绝对高度（海拔）和地形起伏的相对高度大小来划分和命名地貌形态（表1-2）。

（一）山地

陆地上海拔在500m以上且由山顶、山坡和山麓组成的隆起高地，称为山或山地。山地是高低山的总称。按山地的外貌特征、海拔、相对高度和坡度，并结合我国的具体情况，又分高山、中山和低山三类。

1. 高山

海拔大于3 500m、相对高度大于1 000m、山坡坡度大于25°的山地，称为高山。高山的大部山脊或山顶位于雪线以上，山上终年冰雪皑皑，冰川和寒冻风化作用成为塑造地貌形态的主要外力。

2. 中山

海拔为1 000～3 500m、相对高度为500～1 000m、山坡坡度为10°～25°的山地，称为中山。中山的外貌特征多种多样，有的显得平缓，有的显得陡峭，还有的由于冰川作用而具有尖锐的角峰和锯齿形山脊等。

3. 低山

海拔为500～1 000m、相对高度为200～500m、山坡坡度为5°～10°之间的山地，称为低山。

表 1－2　大陆地貌形态分类

形态类型		绝对高度（m）	相对高度（m）	平均坡度（°）	举例
山地	高山	＞3 500	＞1 000	＞25	喜马拉雅山
	中山	1 000～3 500	500～1 000	10～25	庐山、大别山
	低山	500～1 000	200～500	5～10	川东平行岭谷
丘陵		＜500	＜200		闽东沿海丘陵
高原		＞600	＞200		青藏高原、内蒙古高原、黄土高原、云贵高原
平原	高平原	＞200			成都平原
	低平原	0～200			东北平原、华北平原、长江中下游平原
盆地					吐鲁番盆地

（二）高原

海拔在600m以上、相对高度在200m以上、面积较大、顶面平坦或略有起伏且耸立于周围地面之上的广阔高地，称为高原。规模较大的高原，顶部常形成丘陵与盆地相间的复杂地形。世界上最高的高原是我国的青藏高原，平均海拔超过4 000m。我国的内蒙古高原、云贵高原以及黄土高原等，规模也都十分可观。

（三）平原

陆地表面宽广平坦或切割微弱、略有起伏并与高地毗连成为高地围限的平地，称为平原。平原按海拔分为低平原和高平原两种。低平原是指海拔小于200m的平原，如我国的华北平原就是典型的低平原，其堆积物成分复杂，有冲积物、洪积物、湖积物和海积物等；高平原是指海拔大于200m、切割微弱而平坦的平地。如我国的河套平原、银川平原和成都平原都是高平原，其堆积物成分主要是冲积物、洪积物和湖积物。

（四）盆地

陆地上中间低平或略有起伏、四周被高地或高原所围限的盆状地形，称为盆地。盆地的海拔不固定，如我国的四川盆地海拔为200～700m，青海柴达木盆地的海拔为2 600～3 000m。按其成因分为构造盆地和侵蚀盆地两种。构造盆地常常是地下水富集的场所，蕴藏有丰富的地下水资源；侵蚀盆地中的河谷盆地，即山区中河谷的开阔地段或河流交汇处的开阔地段，往往是修建水库的理想库盆。

（五）丘陵

丘陵是一种起伏不大、海拔一般不超过500m、相对高度在200m以下的低矮山丘。丘陵多半由山地、高原经长期外力侵蚀作用而成。个体低矮、顶部浑圆、坡度平缓、分布零乱以及无明显的延伸规律等，都是丘陵的主要特征。

在公路工程中，丘陵可进一步划分为重丘和微丘。相对高度大于 100m 的为重丘，相对高度小于 100m 的为微丘。

二、地貌按成因分类

按地貌形成的地质作用因素，可将地貌划分为内力地貌和外力地貌两大类。

（一）内力地貌

1. 构造地貌

构造地貌是由地壳的构造运动所造成的地貌，其形态能充分反映原来的地质构造形态，如褶皱构造山、断层断块山、褶皱断块山等皆为构造地貌。

褶皱构造山是岩层受构造作用发生褶皱而形成的山，又可分为背斜山（图 1-2）、向斜山、单面山和方山。断层断块山是因断层使岩层发生错断并相对抬升而形成的山。褶皱断块山是由褶皱与断层两种组合而形成的山。

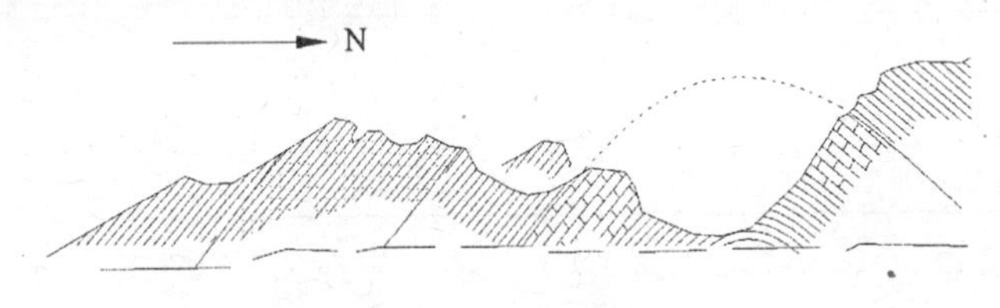

图 1-2　背斜山

2. 火山地貌

由火山喷发出来的熔岩和碎屑物质堆积所形成的地貌为火山地貌，如熔岩盖、火山锥等。

（二）外力地貌

以外力作用为主所形成的地貌为外力地貌（图 1-3）。根据外力的不同，外力地貌又分为以下几种类型。

图 1-3　垂直裂隙风化形成的地貌

1. 水成地貌

水成地貌以水的作用为地貌形成和发展的基本因素。水成地貌又可分为面状冲刷地貌、线状冲刷地貌、河流地貌、湖泊地貌、海洋地貌等。

2. 冰川地貌

冰川地貌以冰雪作用为地貌形成和发展的基本因素，又可分为冰川剥蚀地貌与冰川堆积地貌，前者如冰斗、冰川槽谷等，后者如侧碛、终碛等。

3. 风成地貌

风成地貌以风的作用为地貌形成和发展的基本因素，又可分为风蚀地貌与风积地貌，前者如风蚀洼地、蘑菇石等，后者如新月形沙丘、沙垄等。

4. 岩溶地貌

岩溶地貌以地表水与地下水的溶蚀作用为地貌形成和发展的基本因素，如溶沟、石芽、溶洞、峰林、地下暗河等。

5. 重力地貌

重力地貌以重力作用为地貌形成和发展的基本因素。重力作用形成的地貌有崩塌、滑坡等。

此外，外力地貌还包括黄土地貌、冻土地貌等。

复习思考题

1. 第四纪沉积物的主要成因类型有哪几种?
2. 残积物、坡积物、洪积物和冲积物各有什么特征?
3. 简述地貌的概念。
4. 简述地貌类型的划分情况。

第二章　土的工程性质

地壳中原来整体坚硬的岩石，经历物理、化学、生物风化作用以及剥蚀、搬运、沉积作用，形成的固体矿物、水和气体的集合体称为土，对有些土而言，除矿物颗粒外还含有有机质。

土是在交错复杂的自然环境中所生成的各类沉积物，这类厚薄不等、性质各异的若干土层，以特定的上、下次序组合在一起就称为土体，是人类活动和工程建设研究的对象。土和土体是两个概念，土是具有一定成因的各种矿物的松散集合体，是土体的组成成分；土体由一定的土颗粒材料组成，具有一定的结构，是赋存于一定地质环境中的地质体。

第一节　土的物质组成

土是由固体颗粒、水和气体三部分组成的，称为土的三相组成。土中固体矿物构成骨架，骨架之间贯穿着孔隙，孔隙中充满着水和空气，三相比例不同，土的状态和工程性质也不相同。研究土的工程性质，首先应从土的三相开始研究。

一、土的固体颗粒

土的固体相物质包括无机矿物颗粒和有机质，是构成土的骨架最基本的物质，称为土粒。其大小和形状、矿物成分及其组合情况是决定土物理力学性质的重要因素。

（一）土的矿物成分

土中的矿物成分可分为原生矿物和次生矿物两大类。土粒的矿物成分主要决定于母岩的成分及其所经受的风化作用。不同的矿物成分对土的性质有着不同的影响，其中以细粒组的矿物成分尤为重要。

原生矿物是指在岩浆冷凝过程中形成的矿物，如石英、长石、云母等。由它们构成的粗粒土，矿物成分与母岩一致，由于其颗粒大、比表面积小、与水作用的能力弱、其抗水性和抗风化作用的能力强，工程性质较为稳定。如果级配良好，则土的密实度大、强度高、压缩性低，可作为良好的工程场地。

次生矿物是原生矿物经化学风化作用后形成的新矿物，其颗粒细小，常呈片状，是黏性土的主要组成部分。由于其粒径非常小（小于0.002mm），具有很大的比表面积，与水的作用能力很强，能发生一系列复杂的物理、化学变化，导致土的性质突变。另外，对土的工程性质影响较大的，还有土粒间各种相互作用力的影响，而粒间的相互作用力又与矿物颗粒本身的结晶结构特征有关，也就是说，与组成矿物的原子和分子的排列有关、与原子分子间的键力有关。

黏土矿物是一种复合的铝-硅酸盐晶体，颗粒呈片状，是由硅片和铝片的晶胞所组叠而成。黏土矿物按硅片和铝片组叠形式的不同，可以分为蒙脱石、伊利石和高岭石三种主要类型。

（二）土的粒度成分

天然土体土粒大小变化悬殊，大的有几十厘米，小的只有千分之几毫米，形状也不一样，有块状、粒状、片状等。这与土的矿物成分有关，也与土粒所经历的风化、搬运过程有关。

土粒的大小用颗粒的直径表示称为粒度，单位是 mm。在工程中，粒度不同、矿物成分不同，土的工程性质也就不尽相同。例如颗粒粗大的卵石、砾石和砂，大多数为浑圆和棱角状的石英颗粒，具有较大的透水性而无黏性；颗粒细小的黏粒，则属于呈针状或片状的黏土矿物，具有黏滞性而透水性低。因此工程上常把大小、性质相近的土粒合并为一组，称为粒组。对于粒组的划分，目前各个国家、各个部门并不统一，表 2－1 为一种常用的粒组划分标准，也是国标《土的工程分类标准》（GB/T 50145—2007）所采用的方法。

表 2－1　粒组划分标准（GB/T 50145—2007）

粒组	颗粒名称		粒径（d）的范围（mm）
巨粒	漂石（块石）		$d>200$
	卵石（碎石）		$60<d\leqslant 200$
粗粒	砾粒	粗粒	$20<d\leqslant 60$
		中粒	$5<d\leqslant 20$
		细粒	$2<d\leqslant 5$
	砂粒	粗砂	$0.5<d\leqslant 2$
		中砂	$0.25<d\leqslant 0.5$
		细砂	$0.075<d\leqslant 0.25$
细粒	粉粒		$0.005<d\leqslant 0.075$
	黏粒		$d\leqslant 0.005$

1. 粒度成分及其表示方法

土的粒度成分是指土中各种不同粒组的相对含量（以干土质量百分比表示），它可以用来描述土中不同粒径颗粒的分布特征。常用的粒度成分表示方法有表格法、累计曲线法和三角坐标法，其中表格法、累计曲线法是最常用的方法。

1）表格法

表格法以列表形式直接表达各粒组的相对含量。表 2－2 给出了三种土样的粒度成分分析结果。

2）累计曲线法

累计曲线法是一种图示的方法，通常用半对数纸绘制，横坐标表示某一粒径，纵坐标表示小于某一粒径的土粒的百分含量。表 2－2 中所列的三种土的粒径级配累计曲线如图 2－1 所示。土的粒径级配累计曲线是土工上最常用的曲线，从该曲线上可以直接了解土的粗细、粒径分布的均匀程度和级配的优劣。

在粒径级配累计曲线上，可确定两个描述土的级配指标。

不均匀系数（Cu）：

$$\mathrm{Cu}=\frac{d_{60}}{d_{10}} \tag{2-1}$$

表 2-2　粒度成分分析结果

粒径（mm）	土样 A 的含量（%）	土样 B 的含量（%）	土样 C 的含量（%）	粒径（mm）	土样 A 的含量（%）	土样 B 的含量（%）	土样 C 的含量（%）
5～10	—	25.0	—	0.075～0.1	7.0	4.6	14.4
2～5	3.1	20.0	—	0.01～0.075	—	8.1	37.6
1～2	6.0	12.3	—	0.005～0.01	—	4.2	11.1
0.5～1	16.4	8.0	—	0.001～0.005	—	5.2	18.9
0.25～0.50	41.5	6.2	—				
0.25～0.10	26.0	4.9	8.0	＜0.001	—	1.5	10.0

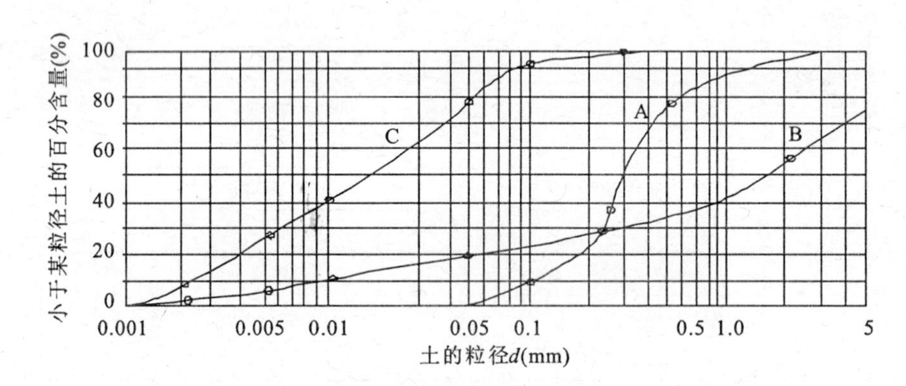

图 2-1　土的粒径级配累计曲线

曲率系数（Cc）：

$$Cc=\frac{d_{30}{}^{2}}{d_{60}\times d_{10}} \tag{2-2}$$

式中：d_{10}——累计曲线百分含量为 10%的粒径，即土的有效粒径；

d_{30}——累计曲线百分含量为 30%的粒径；

d_{60}——累计曲线百分含量为 60%的粒径，即土的限制粒径。

不均匀系数（Cu）反映大小不同粒组的分布情况。Cu 越大表示土粒大小的分布范围越大，颗粒大小越不均匀，其级配越良好。但如果 Cu 过大，可能缺失中间粒径属不连续级配，需要同时用曲率系数来评价。

曲率系数（Cc）描述的是累计曲线的分布范围，反映曲线的整体形状，能够反映累计曲线是否连续。

在一般情况下，把 Cu≤5 的土看作是均匀粒土，属级配不良；Cu＞5 时的土，称为不均匀粒土；Cu＞10 的土属级配良好。经验证明，当级配连续时，Cc 的范围为 1～3，因此，当 Cc＜1 或 Cc＞3 时，均表示级配不连续。

因此综合起来，Cu≥5 且 Cc 为 1～3 的土，称为级配良好的土；不能同时满足上述两个要求的土，称为级配不良的土。

2. 粒度成分分析方法

我们知道，土体是多种不同粒组的混合物。以砾石和砂粒为主要成分的土称为粗粒土，也称为无黏性土；以粉粒、黏粒和胶粒为主的土，称为细粒土，也称为黏性土。显然，土的性质取决于不同粒组的相对含量。为了确定各粒组的相对含量，需用试验的方法将粒组区分开来，这种试验方法统称为颗粒分析试验。其试验方法有筛分法和静水沉降法两种。

1）筛分法

筛分法适用于粒径大于0.075mm（或0.074mm，按筛的规格而言）的土。它是利用一套孔径大小不同的筛子（如孔径为60mm、40mm、20mm、10mm、5mm、2mm、1mm、0.5mm、0.25mm、0.1mm、0.075mm），将事先称过质量的烘干土样过筛，称量留在各筛上的质量，然后计算相应的百分数。

2）静水沉降分析法

沉降分析法用于分析粒径小于0.075mm的土，根据斯托克斯（Stokes）公式（2-3），球状的细颗粒在水中的下沉速度与颗粒直径的平方成正比。因此，可以利用粗颗粒下沉速度快、细颗粒下沉速度慢的原理，把颗粒按下沉速度进行粗细分组。实验室常用密度记法和移液管法来进行。

$$d=1.126\sqrt{v} \tag{2-3}$$

式中：d——球形颗粒的粒径，mm；

v——球形颗粒在液体中的稳定沉降速度，m/s。

二、土中的水和气体

（一）土中的水

组成土的第二种主要成分是土中的水。在自然条件下，土中总是含水的。土孔隙中的水可以处于液态、固态或气态。土中细粒越多，则土的分散度越大，水对土的性质的影响也越大。研究土中的水，必须考虑到水的存在状态及其与土粒的相互作用。

存在于土孔隙中的液态水可分为结合水、毛细水和自由水三大类。存在于土粒矿物的晶体格架内部或是参与矿物构造中的水称为矿物内部结构水，它只有在比较高的温度（80～680℃，随土粒的矿物成分不同而异）下，才能化为气态水而与土粒分离，从土的工程性质上分析，可以把矿物内部结合水当作矿物颗粒的一部分。

1. 结合水

结合水是指受电分子吸引力吸附于土粒表面的土中水，这种电分子吸引力高达几千到几万个大气压，使水分子和土粒表面牢固地黏结在一起。结合水因离颗粒表面远近不同，受电场作用力的大小也不同，所以分为强结合水和弱结合水。

1）强结合水（吸着水）

强结合水是指紧靠土粒表面的结合水，它的特征是：没有溶解盐类的能力；不能传递静水压力；只有吸热变成蒸气时才能移动。

这种水极其牢固地结合在土粒表面上，其性质接近于固体，密度为1.2～2.4g/cm^3，冰点为－78℃，具有极大的黏滞度、弹性和抗剪强度。如果将干燥的土放在天然湿度的空气中，则土的质量将增加，直到土中吸着的强结合水达到最大吸着度为止。土粒越细，土的比表面积越大，则其最大吸着度就越大，砂土的吸着度为1%，黏土的吸着度为17%。

2）弱结合水（薄膜水）

弱结合水紧靠强结合水的外围形成一层结合水膜。它仍然不能传递静水压力，但水膜较厚的弱结合水能向临近的较薄的水膜缓慢移动。当土中含有较多的弱结合水时，其具有一定的可塑性。砂土的比表面积较小，几乎不具可塑性；而黏土的比表面积较大，其可塑性范围较大。弱结合水离土粒表面愈远，其受到的电分子吸引力愈小，并逐渐过渡到自由水。

2. 毛细水

毛细水是受到水与空气交界面处表面张力作用的自由水。其形成过程通常用物理学中毛细管现象解释。分布在土粒内部相互贯通的孔隙，可以看成是许多形状不一、直径各异、彼此连通的毛细管。

3. 自由水

自由水是存在于土粒表面电场影响范围以外的水。它的性质和普通水一样，能传递静水压力，其冰点为0℃，有溶解能力。自由水按其移动所受到作用力的不同，通常称为重力水。

重力水是存在于地下水位以下的透水土层中的地下水，它是在重力或压力差作用下运动的自由水，对土粒有浮力作用，重力水对土中的应力状态和开挖基槽、基坑以及修筑地下构筑物时所应采取的排水、防水措施有重要的影响。

（二）土中气体

土的孔隙中没有被水占据的部分都是气体。土中气体除来自空气外，也可由生物化学作用和化学反应所生成。土中含有O_2、水蒸气、CO_2、N_2、CH_4、H_2S等气体。土中O_2含量比空气中少，CO_2含量比空气中高很多。

土中气体按其所处状态和结构特点，可分为吸附气体、溶解气体、自由气体及密闭气体。

1. 吸附气体

由于分子引力作用，土粒不但能吸附分子，而且能吸附气体，土粒气体的厚度不超过2个分子层。土中吸附气体的含量取决于矿物成分、分散程度、孔隙度、湿度及气体成分等。在自然条件下，在沙漠地区的表层中可能会遇到比较大的气体吸附量。

2. 溶解气体

在土的液相中主要溶解有CO_2、O_2、水蒸气，其次为H_2、Cl_2、CH_4。其溶解数值取决于温度、压力、气体的物理和化学性质及溶液的化学成分。

3. 自由气体

自由气体与大气连通，对土的性质影响不大。

4. 密闭气体

密闭气体的体积与压力有关，压力增大则体积缩小，压力减少则体积增大，因此密闭气体的存在增加了土的弹性。密闭气体可降低地基的沉降量，但当其突然被排除时，可导致地基与建筑物的变形。密闭气体在不可排水的条件下，由于密闭气体的可压缩性会造成土的压密。密闭气体的存在能降低土层透水性，阻塞土中的渗透通道，减小土的渗透性。

三、土的结构与构造

在漫长的地质年代里，由各种物理的、化学的、物理-化学的及生物的因素综合作用，形成土的各种结构和构造，使得大自然的土具有各种各样的工程特征。研究土的工程性质必须重视对土的结构性的分析，掌握有关土的结构、构造的知识。

（一）土的结构

土的结构是指土粒（或团粒）的大小、形状、互相排列及联结的特征。

土的结构是在成土过程中逐渐形成的，它反映了土的成分、成因和年代对土的工程性质的影响。例如西北黄土的大孔隙结构是在干旱的气候条件下形成的，而西南的红黏土是在湿热的气候条件下形成的，这两种土虽然都具有大孔隙，但成因不同，土粒间的胶结物质不同，工程性质也就截然不同。土的结构按其颗粒的排列和联结可分为如图 2－2 所示的三种基本类型。

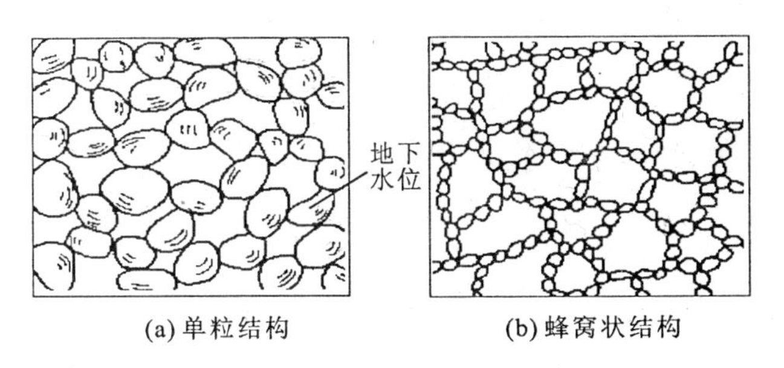

(a) 单粒结构　　(b) 蜂窝状结构　　(c) 絮状结构

图 2－2　土的结构基本类型

1. 单粒结构

单粒结构是碎石土和砂土的结构特征。其特点是土粒间没有联结存在或联结非常微弱，可以忽略不计。疏松状态的单粒结构在荷载作用下，特别在振动荷载作用下会趋向密实，土粒移向更稳定的位置，同时产生较大的变形；密实状态的单粒结构在剪应力作用下会发生剪胀，特点是体积膨胀、密度变松。单粒结构的紧密程度取决于矿物成分、颗粒形状、粒度成分及级配的均匀程度。片状矿物颗粒组成的砂土最为疏松；浑圆的颗粒组成的土比带棱角的容易趋向密实；土级配愈不均匀，结构愈紧密。

2. 蜂窝状结构

蜂窝状结构是以粉粒为主的土的结构特征。粒径为 0.002～0.02mm 的土粒在水中沉积时，基本上是单个颗粒下沉，在下沉过程中碰上已沉积的土粒时，若土粒间的引力相对自重而言已经足够大时，则此颗粒就停留在最初的接触位置上不再下沉，形成大孔隙的蜂窝状结构。

3. 絮状结构

絮状结构是黏土颗粒特有的结构。悬浮在水中的黏土颗粒，当介质发生变化时，土粒互相聚合，以边—边、面—边的接触方式形成絮状物下沉，沉积为大孔隙的絮状结构。

（二）土的构造

在同一土层中的物质成分和颗粒大小等都相近的各部分之间的相互关系的特征，称为土的构造。常见土的构造类型有如下类型。

（1）层理构造。主体由成分相同或相近的土粒组成基本的土层或层理，再由基本的土层单元平行组成复合土层（图 2－3）。多见于古平坦地区形成的土层。它是在土的形成过程中，由于不同阶段沉积的物质成分、颗粒大小或颜色不同，而沿竖向呈现的成层特征。

（2）分散构造。由均匀分布的土粒组成的构造。如单一的砂层、卵石层。

（3）结核状构造。由均匀分布的土粒和成分各异、大小不等的结核所共同组成的构造。

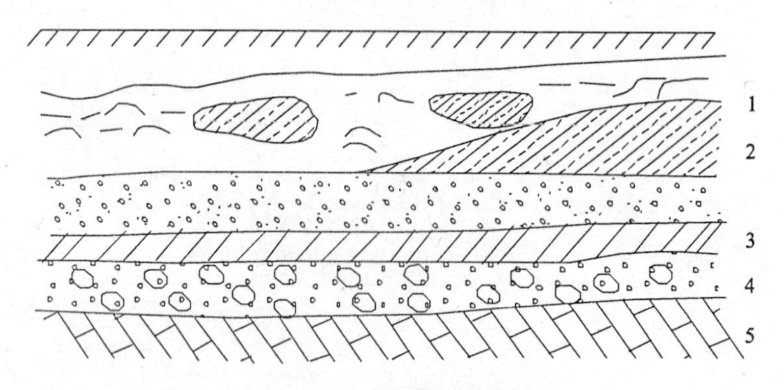

图 2－3　土的层理构造

1. 淤泥夹黏土透镜体；2. 黏土尖灭层；3. 砂土夹黏土层；4. 砾石层；5. 基岩

如含姜结石的黄土。

（4）裂缝状构造。由形态各异、大小不等的土块和切割土块的裂缝所共同组成的构造。如干的膨胀土、黄土。

（5）粗石状构造。由相互挤靠着的粗大岩石碎屑像砌石一样堆积形成的构造。岩堆、泥石流上游堆积及山区河流上游的河床沉积物等常具有这种构造特征。

（6）假斑状构造。在较细颗粒组成的土体中，混杂着一些粗大土粒，且粗大的土粒间互不接触所形成的构造。洪积扇中上部位和冰积层等具有这种特征。

（7）透镜体构造。指具有某些方面特征的土体单元与其周围土层的边界线构成透镜体状的构造。

第二节　土的物理性质

土的物理性质是指土本身由于三相组成部分的相对比例关系不同所表现的物理状态及固、液两相相互作用所表现出来的性质，主要指土的轻重、干湿、松密和细粒土的稠度、塑性、胀缩性等。

一、土的三相指标及换算

土的三相物质在体积和质量上的比例关系称为三相比例指标。三相比例指标反映了土的干燥与潮湿、疏松与紧密，是评价土的工程性质最基本的物理性质指标，也是工程地质勘察报告中不可缺少的基本内容。为了推导土的三相比例指标，通常把在土地中实际上是处于分散状态的三相物质理想化地分别集中在一起，构成如图 2－4 所示的三相图。在图 2－4（c）中，右边注明各相的体积，左边注明各相的质量。通常认为空气的质量可以忽略，则土样的质量就仅为水和土粒质量之和。

三相比例指标可分为两种：一种是试验指标；另一种是换算指标。

（一）试验指标

通过实验测定的指标有土的密度、含水率和土的相对密度。

1. 土的密度（ρ）

土单位体积的质量称为土的密度，即：

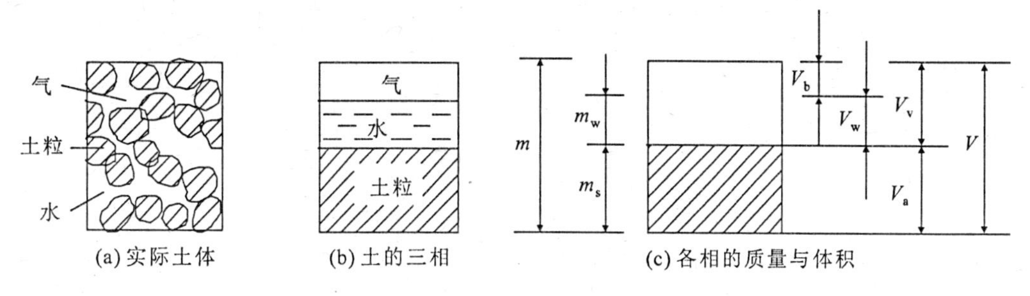

图 2-4　土的三相图

V_w. 水的体积；V_s. 土的体积；V_a. 空气的体积；V_v. 空气与水的体积；V. 空气、水、土的体积之和；
m_s. 土的质量；m_w. 水的质量；m. 土、空气、水质量之和

$$\rho=\frac{m}{V} \tag{2-4}$$

式中：m——土的质量；

V——土的体积。

土的密度常用环刀法测定，其单位是 g/cm³，一般土的密度为 1.60～2.20g/cm³。当用国际单位制计算重力时，由土的质量产生的单位体积重力称为重力密度（γ），简称为重度。重力等于质量乘以重力加速度（工程上为简化计算常取重力加速度为 10m/s²），则重度由密度乘以重力加速度求得，其单位是 kN/m³，即：

$$\gamma=\frac{mg}{V}=10\rho \tag{2-5}$$

式中：g——重力加速度；

其他符号意义同前。

对天然土求得的密度称为天然密度，相应的重度称为天然重度，以区别于其他条件下的指标，如下面将要讲到的干密度和干重度、饱和密度和饱和重度。

2. 土的含水率（w）

土中水的质量与固体（土粒）质量之比称为土的含水率，用百分数表示，即：

$$w=\frac{m_w}{m_s\times 100\%} \tag{2-6}$$

式中：m_w——水的质量；

m_s——固体质量。

含水率常用烘干法测定，是描述土的干湿程度的重要指标。含水率越小，土越干；反之，土越湿。土的天然含水率变化范围很大，干砂的含水率接近于零，而蒙脱土的含水率可达百分之几百。

3. 土的相对密度（d_s）

土的固体颗粒的质量与同体积 4℃时纯水的质量之比，称为土粒相对密度，无量纲，即：

$$d_s=\frac{m_s}{V_s\rho_w}=\frac{\rho_s}{\rho_w} \tag{2-7}$$

式中：ρ_s——土粒密度，g/cm³；

ρ_w——纯水在4℃时的密度，g/cm³；

V_s——土的固体颗粒体积，g/cm³；

m_s——固体质量。

土的相对密度主要取决于土中矿物成分，不同种类土的相对密度变化幅度不大，在有经验的地区可按经验值选用。一般土的相对密度值见表2-3。

表2-3　土的相对密度的一般数值

土名	砂土	砂质粉土	黏质粉土	粉质粉土	黏土
土的相对密度（g/cm³）	2.65～2.69	2.70	2.71	2.72～2.73	2.74～2.76

（二）换算指标

除了上述三个指标之外，还有其他一些可以计算求得的指标，称为换算指标，包括土的干密度（干重度）、饱和密度（饱和重度）、有效重度、孔隙比、孔隙率和饱和度等。

1. 土的干密度（ρ_d）

土单位体积中固体颗粒部分的质量，称为土的干密度，可由下式表示：

$$\rho_d=\frac{m_s}{V} \tag{2-8}$$

式中各符号意义同前。

土的干密度越大，土越密实，强度就越高，水稳定性也好。干密度常用作填土密度的施工控制指标。

2. 土的饱和密度（ρ_{sat}）

当土的孔隙全部被水所充满时的密度，称为土的饱和密度，即：

$$\rho_{sat}=\frac{m_s+V_v\rho_w}{V} \tag{2-9}$$

式中：V——土的总体积；

V_v——孔隙体积；

ρ_w——密度；

m_s——固体质量。

3. 土的孔隙比（e）

土中孔隙体积与土颗粒体积之比称为土的孔隙比，用小数表示，即：

$$e=\frac{V_v}{V_s} \tag{2-10}$$

式中各符号意义同前。

孔隙比用来评价土的紧密程度，或从孔隙比的变化推算土的压密程度，在土力学的计算中经常用到这个指标。

4. 土的孔隙率（n）

土中孔隙总体积与总体积之比称为土的孔隙率，用百分数表示，即：

$$n=\frac{V_v}{V}\times 100\% \tag{2-11}$$

5. 土的饱和度（S_r）

土中水的体积（V_w）与孔隙体积（V_v）之比称为土的饱和度，用百分数表示，即：

$$S_r=\frac{V_w}{V_v}\times100\% \tag{2-12}$$

式中：各符号意义同前。

（三）三相比例指标的换算

土的三相比例指标之间可以互相换算，根据上述三个试验指标，可以用换算公式求得全部计算指标，也可以用某几个指标换算其他的指标。这种换算关系见表2-4。

表2-4　三相指标的换算关系

名称	三相比例表达式	常用换算指标	常见的数值范围
干重度（γ_d）（kN/m^3）	$\gamma_d=\frac{m_s}{V}$	$\gamma_d=\frac{\gamma}{1+\omega}$；$\gamma_d=\frac{d_s}{1+e}$	14～17
饱和重度（γ_{sat}）（kN/m^3）	$\gamma_{sat}=\frac{m_s+V_v\gamma_w}{V}$	$\gamma_{sat}=\frac{d_s+e}{1+e}$	18～23
孔隙比（e）	$e=\frac{V_v}{V_s}$	$e=\frac{d_s}{\gamma_d}-1$；$e=\frac{\omega d_s}{S_r}$	一般黏性土：0.60～1.20 粉土、砂土：0.5～0.9
孔隙率（n）（%）	$n=\frac{V_v}{V}\times100\%$	$n=\frac{e}{1+e}$；$n=\left(1-\frac{\gamma_d}{d_s}\right)$	一般黏性土：40～55 粉土、砂土：30～45
饱和度（S_r）（%）	$S_r=\frac{V_w}{V_v}\times100\%$	$S_r=\frac{\omega d_s}{e}$；$S_r=\frac{\omega\gamma_d}{n}$	8～95

二、土的物理状态指标

土的物理状态与土的粒度成分有很大的关系，所以在此分别叙述粗颗粒土和细颗粒土的物理状态。

（一）无黏性土的密实度

无黏性土以砂土为代表叙述，用其密实度来表示。影响砂、卵石等无黏性土工程性质的主要因素是密实度。若土颗粒排列紧密，其结构就稳定、压缩变形小、强度大，是良好的天然地基。反之，密实度小，呈疏松状态时，如饱和的粉细砂，其结构常处于不稳定状态，对工程不利。因此在工程中，对于无黏性土，要求达到一定的密实度。

判断无黏性土密实度最简便的方法，是用孔隙比（e）来描述，e 大，表示土中孔隙大，则土疏松。但由于颗粒的形状和级配对孔隙比有着极大的影响，而孔隙比（e）未能考虑级配的因素，因此在工程中常引入相对密实度的概念。

若将砂土处于最松散状态的孔隙比称为最大孔隙比（e_{max}），砂土处于最紧密状态时的孔隙比称为最小孔隙比（e_{min}）。而当土粒粒径较均匀时，差值较小；当土粒粒径不均匀时，其差值较大。因此，利用砂土的最大、最小孔隙比与所处状态的天然孔隙比（e）进行比较，能综合地反映土粒级配、土粒形状和结构等因素。该指标称为相对密实度（D_r），D_r 一般用百分数表示，即：

$$D_r=\frac{e_{max}-e}{e_{max}-e_{min}} \tag{2-13}$$

显然，当 $D_r=0$，即 $e_{max}=e$ 时，表示砂土处于最松散状态；当 $D_r=1$，即 $e=e_{min}$时，表示砂土处于最紧密状态。因此，根据 D_r 值，可把砂土的密实度分为下列三种，见表 2-5。

表 2-5 砂土密实度划分标准

密实度	密实	中密	松散
D_r	0.67～1	0.33～0.67	0～0.33

相对密实度试验适用于透水性良好的无黏性土，如纯砂、纯砾等。试验时，一般可采用松散器法，测定最大孔隙比（e_{max}），采用振击法测定最小孔隙比（e_{min}）。相对密实度对于土工构筑物和地基的稳定性，特别是在抗震稳定性方面具有重要的意义。但由于天然状态下，砂土的孔隙比（e）难以测定，尤其是位于地表下一定深度的砂层测定更为困难，此外按规范方法室内测定时人为误差也较大，因此，我国现行的《建筑地基基础设计规范》(GB 50007—2002)采用标准贯入试验的锤击数（N）来评价砂类土的密实度，这是一个行之有效的方法，根据 N，可将砂土密实度分为松散、稍密、中密与密实四种，其划分标准见表 2-6。

表 2-6 砂土密实度的划分

砂土密实度	松散	稍密	中密	密实
N（次）	$\leqslant 10$	$10<N\leqslant 15$	$15<N\leqslant 30$	>30

（二）黏性土的物理及化学性质

所谓黏性土，就是指具有可塑状态性质的土。它们在外力的作用下，可塑成任何形状而不开裂，当外力去掉后，可保持原形状不变，土的这种性质称为可塑性。含水率对黏性土的工程性质有着极大的影响。随着黏性土含水率的增大，土变成泥浆——呈黏滞性流动的液体。当施加剪力时，泥浆将连续变形，土的抗剪强度极低。而当含水率逐渐降低到某一值，土会显示出一定的抗剪强度，并具有可塑性，这些特征与液体完全不同。当含水率继续降低时，土能承受较大的剪切应力，在外力作用下不再具有可塑性，而呈现具有脆性的固体特征。

1. 黏性土的界限含水率

黏性土从一种状态转变为另一种状态的分界含水率称为界限含水率。土由可塑状态变化到流动状态的界限含水率称为液限（或流限），用 ω_L 表示；土由半固态变化到可塑状态的界限含水率称为塑限，用 ω_P 表示；土由半固体状态不断蒸发水分，体积逐渐缩小，直到体积不再缩小时，土的界限含水率称为缩限，用 ω_s 表示。界限含水率首先由瑞典科学家阿特堡提出，故这些界限含水率又称为阿特堡界限。

我国目前采用锥式液限仪来测定黏性土的液限。测定者将调成浓糊状的试样装满盛土杯，刮平杯口面，如 76g 重圆锥体在自重作用下徐徐沉入试样，若经过 15s，深度恰好为 10mm 时，该试样的含水率即为液限值。

在欧美等国家大都采用碟式液限仪测定液限。测定者将浓糊状试样装入碟内，刮平表面，用切槽器在土中划一条槽，槽底宽 2mm，然后将碟子抬高 10mm，自由下落撞击在硬橡皮垫板上，连续下落 25 次后，若土槽合拢长度刚好为 13mm，该试样的含水率就是液限。

塑限多用搓条法测定。测定者把塑性状态的土重塑均匀后，用手掌在毛玻璃板上把土团搓成小土条，搓滚过程中，水分渐渐蒸发，若土条刚好搓至直径为 3mm 时，产生裂缝并开始断裂，此时土条的含水率即为塑限。

由于上述方法采用人工操作，人为因素影响较大，测试成果不稳定，因此，多年来许多单位都在探索一些新的方法，如液限塑限联合测定法，详见国标《土工试验方法标准》(GBJ 123—88)。

2. 黏性土的塑性指数和液性指数

液限与塑限的差值被定义为塑性指数（I_P），即：

$$I_P=\omega_L-\omega_P \tag{2-14}$$

塑性指数习惯上用不带“%”的百分数表示。从式（2－14）可见，塑性指数正好是土处于可塑状态的上限和下限含水率之差。该值越大，表明土的颗粒愈细，比表面积愈大，土的黏性或亲水矿物（如蒙脱石）含量愈高，土处在可塑状态的含水率变化范围就愈大。也就是说，塑性指数综合地反映土的矿物成分和颗粒大小的影响，因此，塑性指数作为工程上对黏性土进行分类的依据。

虽然土的天然含水率对黏性土的状态有很大影响，但对于不同的土，即使具有相同的含水率，如果它们的塑限、液限不同，则它们所处的状态也不同。因此，还需要一个表征土的天然含水率与分界含水率之间相对关系的指标，这就是液性指数（I_L），即：

$$I_L=\frac{\omega-\omega_P}{\omega_L-\omega_P}=\frac{\omega-\omega_P}{I_P} \tag{2-15}$$

液性指数一般用小数表示。由式（2－15）可见，当土的天然含水率（ω）小于 ω_P 时，I_L 小于 0，土体处于坚硬状态；当 ω 大于 ω_L 时，I_L 大于 1，土体处于流动状态；当 ω 在 ω 和 ω_L 之间时，I_L=0～1，土体处于可塑状态。因此可以利用液性指数来表示黏性土所处的软硬程度。

《岩土工程勘察规范》(GB 50021—2001)规定：黏性土根据液性指数可划分为坚硬、硬塑、可塑、软塑及流塑五种软硬程度，其划分标准见表 2－7。

表 2－7　黏性土的软硬程度

软硬程度	坚硬	硬塑	可塑	软塑	流塑
液性指数	$I_L\leqslant0$	$0<I_L\leqslant0.25$	$0.25<I_L\leqslant0.75$	$0.75<I_L\leqslant1.0$	$I_L>1$

尚需注意的是，稠度是由扰动土样确定的指标，土的天然结构已被破坏，所以用它来判断黏性土的软硬程度没有考虑土原有结构的影响。在含水率相同时，原状土要比扰动土坚硬。因此，用上述标准判断扰动土的软硬程度是合适的，但对原状土则偏于保守。通常当原状土的天然含水率等于液限时，原状土并不处于流塑状态，但天然结构一经扰动，原状土即呈现出流动状态。

3. 黏性土的灵敏性和触变性

天然状态下的黏性土，由于地质历史作用常具有一定的结构性。当土体受到外力扰动作用，其结构遭受破坏时，土的强度降低，压缩性增高。工程上常用灵敏性（S_t）来衡量黏性土结构性对强度的影响，即：

$$S_t = \frac{q_u}{q_o} \tag{2-16}$$

式中：q_u——原状土试样的无侧限抗压强度；

q_o——重塑土试样的无侧限抗压强度。

土的灵敏度愈高，其结构性愈强，受扰动后土的强度降低就愈明显。因此，在基础工程施工中必须注意保护基槽，尽量减少对土结构的扰动。

与结构性相反的是土的触变性。饱和软黏土受到扰动后，结构产生破坏，土的强度降低，但当扰动停止后，土的强度随时间又会逐渐增强，这是土体中土颗粒、离子和水分子体系随时间而逐渐趋于新的平衡状态的缘故，也可以说土的结构逐步恢复。黏性土的结构遭受破坏，强度降低，但随着时间的发展，土体的强度恢复的胶体化学性质称为土的触变性。例如打桩时会使周围软土体的结构扰动，使黏性土的强度降低，而打桩停止后，土的强度会部分恢复。

第三节　土的力学性质

土的力学性质是指在外力作用下所表现出的一系列性质，主要包括土在压应力作用下体积缩小的压缩性，在剪应力作用下抵抗剪切破坏的抗剪性，以及在动荷载作用下表现的一些性质。

一、土的压缩性

（一）土的压缩变形的特点和机理

土的压缩性是指土在压力作用下体积缩小的性能。在一般压力作用下，土粒与水的压缩性很小，可忽略不计，故土的压缩可视为土中孔隙体积的减小。饱和土在压缩时，随着孔隙体积减小，土中孔隙水被排出，其压缩过程实际上就是孔隙水压力的消散过程。饱和土在一定的荷载作用下的渗透压密过程称为渗透固结。饱和土的孔隙大、透水性强，在一定的荷载作用下其孔隙中的水会很快排出，压缩速度也就很快，但由于其孔隙度值较小，所以其压缩量也较小。饱含水的细粒土孔隙很小、透水性极弱，在一定的压力作用下，其孔隙中的水很难尽快排出，故其压缩速度也就很慢，其压缩常常需要很长的时间，但由于其孔隙度值很大，所以其压缩量也大。

非饱和土在一定的压力作用下，先是游离气体被挤出，然后是密闭气体被压缩。随着土被压缩，其饱和度不断增高，当其达到饱和后，压缩过程则与饱和土一样。

（二）土的压缩性指标

土的压缩性高低通常采用其压缩性指标进行描述。常用的土压缩性指标有压缩系数（a）、压缩模量（E_s）和变形模量（E_o），其中 a、E_s 是通过土样的室内压缩试验确定，E_o 是通过是通过现场原位测试（如载荷试验、旁压试验等）取得的。

1. 压缩系数

通过土的室内压缩试验，可作出土的孔隙比（e）与所受压力（P）的关系曲线，即压缩曲线，如图 2-5 所示。压缩性不同的土，其 $e-P$ 曲线上任一点的切线斜率（a）就表示在该相应压力（P）作用下土的压缩性，称 a 为压缩系数。实际上，通常取 $e-P$ 曲线上某段的割线斜率表示，设压力增量 $\Delta P=P_2-P_1$，对应的孔隙比变化 $\Delta e=e_1-e_2$，则：

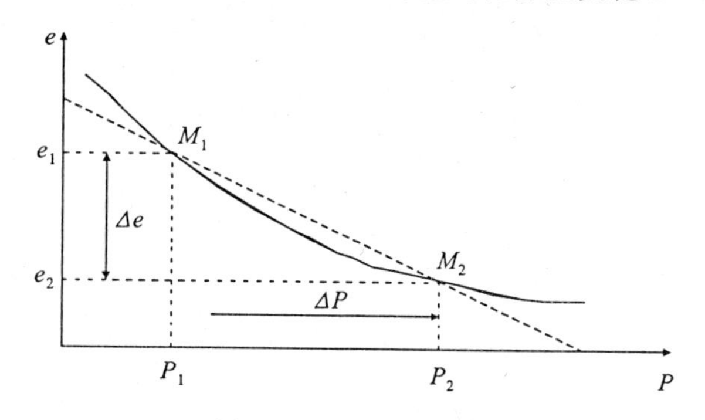

图 2-5　土的压缩曲线

$$a=\frac{\Delta e}{\Delta P}=\frac{e_1-e_2}{P_2-P_1} \tag{2-17}$$

式中：a——土的压缩系数，MPa^{-1}；

P_1、P_2——试验压应力值，MPa；

e_1、e_2——P_1、P_2 作用下，土压缩稳定后的孔隙比。

压缩系数愈大，土的压缩性愈大。为了便于应用和比较，并考虑到一般建筑地基受到的压力变化范围，一般采用 $P_1=0.1\mathrm{MPa}$，$P_2=0.2\mathrm{MPa}$ 所得的压缩系数 $a_{(0.1\sim0.2)}$ 来评定土的压缩性：当 $a_{(0.1\sim0.2)}<0.1\mathrm{MPa}^{-1}$ 时，属低压缩性土；当 $0.1\mathrm{MPa}^{-1}\leqslant a_{(0.1\sim0.2)}<0.5\mathrm{MPa}^{-1}$ 时，属中压缩性土；当 $a_{(0.1\sim0.2)}\geqslant 0.5\mathrm{MPa}^{-1}$ 时，属高压缩性土。

2. 压缩模量（E_s）

根据 $e-P$ 曲线，可以来算另一个常用的压缩性指标——压缩模量（E_s）。它是指土在完全侧限条件下受压时，相应的压力增量（ΔP）与应变增量（$\Delta\xi$）的比值：

$$E_s=\frac{\Delta P}{\Delta\xi}=\frac{P_2-P_1}{(e_1-e_2)/(1+e_1)}=\frac{1+e_1}{a} \tag{2-18}$$

E_s 越小，土的压缩性越大。为了便于比较和应用，工程上常采用 $P_1=0.1\mathrm{MPa}$，$P_2=0.2\mathrm{MPa}$ 所得的压缩量 $E_{s(0.1\sim0.2)}$ 来评价土的压缩性，即：

$$E_{s(0.1\sim0.2)}=\frac{1+e_1}{a_{(0.1\sim0.2)}} \tag{2-19}$$

一般认为，$E_{s(0.1\sim0.2)}<4\mathrm{MPa}$ 时，为高压缩性土；$E_{s(0.1\sim0.2)}>15\mathrm{MPa}$ 时，为低压缩性土；$E_{s(0.1\sim0.2)}$ 为 4～15MPa 时，为中等压缩性土。

3. 变形模量（E_o）

土的变形模量是土体在无侧限条件下，轴向压应力与应变之比值。它是通过现场原位测试得到的土的压缩性指标，能较真实地反映天然土体的变形特征。其计算公式为：

$$E_o=w_\tau(1-\mu^2)\frac{P_1B}{s_1} \tag{2-20}$$

式中：E_o——土的变形模量，MPa；

w_τ——刚性承压板的沉降影响系数，对于方形板，$w_\tau=0.88$，对于圆形板，$w_\tau=0.79$；

μ——土的泊松比；

B——承压板的边长或直径，m；

P_1——土的比例极限压力，kN；

s_1——与 P_1 对应的沉降，m。

4. 变形模量与压缩模量的关系

变形模量（E_o）与压缩模量（E_s）是采用不同的试验方法确定的，但两者在理论上可以互相换算，即：

$$E_o = E_s \left(1 - \frac{2\mu^2}{1+\mu}\right) \tag{2-21}$$

实际统计资料所得的 E_o 与 E_s 的关系见表 2-8。

表 2-8　E_o 与 E_s 的经验关系

土的种类	E_o/E_s
老黏性土，低压缩性土	2～3
一般黏性土	1.4～2
新近沉积黏性土	0.8～1.0
一般高压缩土	0.9～1.2
淤泥及淤泥质土	1.1～1.5
黄土	2～15

二、土的抗剪强度

大量研究表明，土的抗剪能力很小，一般可忽略不计。土体在通常应力状态下的破坏主要表现为剪切破坏，因此，土的强度问题实质上是土的抗剪强度问题。根据库仑定律，土的抗剪强度可表示如下：

$$\tau = \sigma \tan\varphi + c \tag{2-22}$$

式中：τ——土的抗剪强度，MPa；

φ——土的内摩擦角，°；

σ——应力，MPa；

c——土的内聚力，MPa，对于砂土 $c=0$。

对于无黏性土，其抗剪强度与土的密实度、土颗粒大小、形状、粗糙度和矿物成分以及粒径级配的好坏程度等因素有关。土的密实度愈大，土颗粒愈大，形状愈不规则，表面愈粗糙，级配愈好，则其内摩擦角愈大，相应抗剪强度愈高。对于黏性土，其抗剪强度除与土的内摩擦角和所受正压力有关外，还与土颗粒之间的黏聚力有关，黏聚力越大，土的抗剪强度越高。

第四节　土的工程地质分类

自然界的土类很多，工程地质各异，为便于研究，需要按其主要特征进行分类。当前国内使用的土名和分类法并不统一。各个部门使用各自制定的规范，各个规范的规定也不完全一样。

国内土的分类方法和标准很多，除了国家标准《土的工程分类标准》(GB/T 50145—2007)、《岩土工程勘察规范》(GB 50021—2001)、《建筑地基基础设计规范》(GB 50007—2002)外，还有水利部门的《土工试验规程》(SL 237—1999)、公路部门的《公路土工试验规程》(JTJ 051—1993)、港口航道部门的《港口工程地质勘察规范》(JTJ 240—1997)等。下面简单介绍《岩土工程勘察规范》中土的分类。

1. 按地质成因分类

根据地质成因，土可划分为残积土、坡积土、洪积土、冲积土、淤泥土、冰积土和风积土等类型。

2. 按沉积时代分类

1）老沉积土

第四纪晚更新世及其以前沉积的土，一般具有较高的强度和较低的压缩性。

2）新近沉积土

第四纪全新世中近期沉积的土，一般为欠固结的，强度较低。

3. 按颗粒级配和塑性指数分类

土按颗粒级配和塑性指数可分为碎石土、砂土、粉土和黏性土。

1）碎石土

碎石土是指粒径大于 2mm 的颗粒含量超过全重 50%的土，根据粒组含量及颗粒形状可分为漂石、块石、卵石、碎石、圆砾和角砾，见表 2－9。

表 2－9　碎石土的分类

土的名称	颗粒形状	颗粒级配
漂石	圆形及亚圆形为主	粒径大于 200mm 的颗粒超过全重 50%
块石	棱角形为主	
卵石	圆形及亚圆形为主	粒径大于 20mm 的颗粒超过全重 50%
碎石	棱角形为主	
圆砾	圆形及亚圆形为主	粒径大于 2mm 的颗粒超过全重 50%
角砾	棱角形为主	

注：定名时应根据粒径由大到小以最先符合者确定。

2）砂土

砂土是指粒径大于 2mm 的颗粒含量不超过全重 50%且粒径大于 0.075mm 的颗粒超过全重 50%的土。根据粒组含量分为砾砂、粗砂、中砂、细砂和粉砂，见表 2－10。

3）粉土

粉土为粒径大于 0.075mm 的颗粒质量不超过总质量的 50%，且塑性指数等于或小于 10 的土。其性质介于砂土和黏性土之间。

4）黏性土

塑性指数大于 10 的土为黏性土。黏性土根据塑性指数又分为粉质黏土和黏土，塑性指数大于 10 且小于或等于 17 的土，应定名为粉质黏土；塑性指数大于 17 的土应定名为黏土，见表 2－11。

表 2-10 砂土的分类

土的名称	颗粒级配
砾砂	粒径大于 2mm 的颗粒含量占全重 25%～50%
粗砂	粒径大于 0.5mm 的颗粒含量超过全重 50%
中砂	粒径大于 0.25mm 的颗粒含量超过全重 50%
细砂	粒径大于 0.075mm 的颗粒含量超过全重 85%
粉砂	粒径大于 0.075mm 的颗粒含量占全重 50%～85%

注：定名时应根据粒径由大到小以最先符合者确定。

表 2-11 黏性土的分类

土的名称	塑性指数
粉质黏土	$10<I_P\leqslant 17$
黏土	$I_P>17$

注：塑性指数应由 76g 圆锥仪沉入土中深度为 10mm 时测定的液限计算而得。

4. 根据有机质含量分类

土根据有机质含量可按表 2-12 分类。

表 2-12 土根据有机质分类

分类名称	W_u	现场鉴别特征	说明
无机土	$W_u<5\%$		
有机质土	$5\%\leqslant W_u\leqslant 10\%$	深灰色，有光泽，味臭，除腐殖质外尚含少量未完全分解的动植物体，浸水后水面出现气泡，干燥后体积收缩	1. 若现场能鉴别或有地区经验时，可不做有机质含量测定； 2. 当 $\omega>\omega_L$，$1.0\leqslant e<1.5$ 时，称淤泥质土； 3. 当 $\omega>\omega_L$，$e>1.5$ 时，称淤泥
泥炭质土	$10\%<W_u\leqslant 60\%$	深灰或黑色，有腥臭味，能看到未完全分解的织物结构，浸水体胀，易崩解，有植物残渣浮于水中，干缩现象明显	可根据地区特点和需要按 Wu 细分为：弱泥炭质土，$10\%<W_u\leqslant 25\%$；中泥炭质土，$25\%<W_u\leqslant 40\%$；强泥炭质土，$40\%<W_u\leqslant 60\%$
泥炭	$W_u>60\%$	除泥炭质土特征外，结构松散，土质很轻，暗无光泽，干缩现象极为明显	

注：有机质含量（W_u）按灼烧试验确定。

第五节　特殊土的工程地质特征

特殊土是指某些具有特殊物质成分与结构，而且工程地质性质也比较特殊的土，包括黄土、红黏土、淤泥类土、膨胀土、填土等。

一、淤泥类土

淤泥类土是指在静水或水流缓慢的环境中沉积，有微生物参与作用的条件下形成的，含较多有机质，疏松软弱（天然孔隙比大于 1，含水率大于液限）的细粒土。其中孔隙比大于 1.5 的称为淤泥；大于 1 且小于 1.5 的称为淤泥质土。

（一）淤泥类土的成因及分布

淤泥类土在我国分布很广，不但在沿海、平原地区广泛分布，而且在山岳、丘陵、高原地区也有分布。按成因和分布情况，我国淤泥类土基本上可以分为两大类：一类是沿海沉积的淤泥类土；另一类是内陆和山区湖盆地以及山前谷地沉积的淤泥类土。图 2－6 是我国几种主要成因类型的淤泥类土的地质概况，其工程地质性质指标见表 2－13。

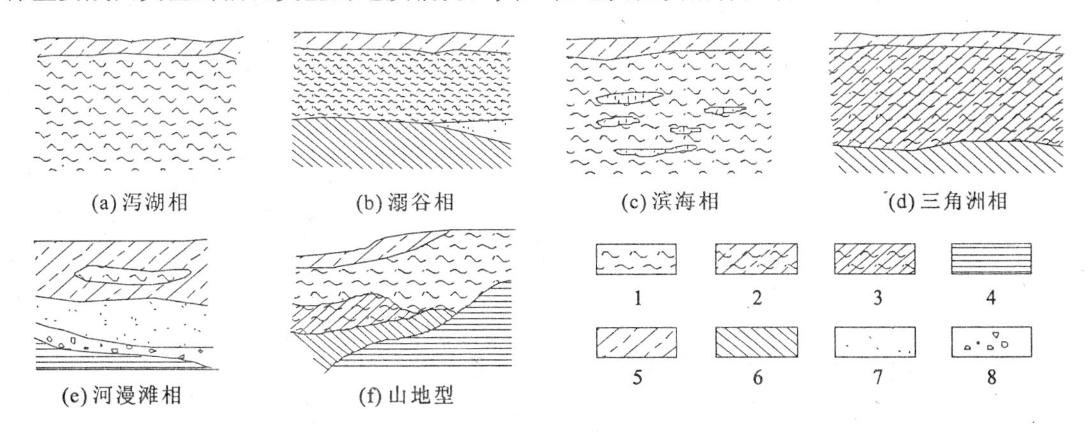

图 2－6　我国淤泥类土的几种基本类型

1. 淤泥；2. 淤泥质粉质黏土；3. 淤泥质黏土；4. 基岩；5. 粉质黏土；6. 黏土；7. 砂；8. 石

我国广大山区沉积有“山地型”淤泥类土，其主要是由当地的泥灰岩、各种页岩、泥岩的风化产物和地面的有机质，经水流搬运沉积在地形低洼处，经长期水泡软化及微生物作用而形成。以坡洪积、湖积和冲积三种成因类型为主。其特点是：分布面积不大，厚度与性质变化较大，且多分布于冲沟、谷地、河流阶地及各种洼地之中。

（二）淤泥类土的成分及结构特征

淤泥类土是在水流不通畅、缺氧和饱水条件下形成的近代沉积物，物质组成和结构具有一定的特点。粒度成分主要为粉粒和黏粒，一般属黏土或粉质黏土、粉土。其矿物成分主要为石英、长石、白云母及大量蒙脱石、伊利石等黏土矿物，并含有少量水溶盐，有机质含量较高，一般为 5%～15%，个别可达 17%～25%。淤泥类土具有蜂窝状和絮状结构，疏松多孔，具有薄层状构造。厚度不大的淤泥类土常是淤泥质黏土、粉砂土、淤泥、泥炭交互成层，或呈透镜状夹层。

（三）淤泥类土工程地质性质的基本特点

淤泥类土是在特定的环境中形成的，具有某些特殊的成分和结构，工程地质性质也表现出下列一些特点。

（1）高孔隙比，高含水率，含水率大于液限。我国淤泥类土的孔隙比常见值为 1.0～2.0，个别可达 2.4，液限一般为 40%～60%，饱和度一般都超过 95%，含水率多为 50%～70%或更大。

（2）透水性极弱，渗透系数一般为 10^{-8}～10^{-6}cm/s。由于常夹有极薄层的粉砂、细砂层，故垂直方向的渗透系数较水平方向要小些。

（3）高压缩性，$\alpha_{(0.1\sim0.2)}$一般为 0.7～1.5MPa^{-1}，且随含水率的增加而增大。

表 2-13　我国不同类型淤泥类土的指标对比表

成因类型	地区	含水率(%)	密度(g/cm^3)	孔隙比	液限(%)	塑性指数	液性指数	$\alpha_{(0.1\sim0.2)}$(MPa^{-1})	内摩擦角(固快)	内聚力(固快)(MPa)
泻湖相	温州	68	1.62	1.79	53	30	1.5	1.93	12	0.005
	宁波	56	1.70	1.58	46	19	1.53	2.50	1	0.01
		38	1.86	1.08	36	15	1.13	0.72		
溺谷相	福州	68	1.50	1.87	54	29	1.48	2.05	11	0.005
		42	1.71	1.17	41	21	1.05	0.70	16	0.010
滨海相	塘沽	47	1.77	1.31	42	22	1.23	0.97	4	0.017
		39	1.81	1.07	34	15	1.33	0.65		
	新港	58	1.65	1.66	56	26	1.08	0.88	2	0.013
三角洲相	上海	50	1.72	1.37	43	20	1.35	1.24	15	0.005
		37	1.79	1.05	34	13	1.23	0.72	18	0.005
	杭州	47	1.73	1.34	41	19	1.34	1.30	14	0.006
		35	1.84	1.04	33	15	1.13	1.17		
	广州	75	1.6	1.82	46	19		1.18		
湖相	昆明	68	1.62	1.56	60	18	1.44	0.90	12	0.022
		42	1.85	0.95	34	12	1.68	0.40	19	0.015
河漫滩相	南京	40～50	1.72～1.80	0.93～1.32	35～44	17～20	1.10～1.60	0.50～0.80	4.0～10.0	0.002～0.018
牛轭湖相	苏北	48	1.74	1.31	39	16	1.5	1.09	5	0.011
山地湖沼相	贵州	91	1.47	2.30	77	34	1.40	2.14	13	0.009
		83	1.47	2.16	75	32	1.22	2.25	2	0.009
山地坡积洪积相	贵州	78	1.54	2.04	74	33	1.12	1.44	10	0.011
		75	1.54	1.89	61	28	1.23	1.20	12	0.016
山地冲积相	贵州	81	1.49	2.06	78	32	1.09	1.44	19	0.023
		55	1.64	1.62	58	22	1.86	1.24	5	0.012

（4）抗剪强度很低，且与加荷速度和排水固结条件有关。在不排水条件下进行三轴快剪试验时，φ 角接近零，c 值一般小于 0.02MPa；直剪试验所得的 φ 角一般只有 2°～5°，c 值一般为 0.01～0.015MPa；固结不排水剪切试验所得的 φ 值可达 10°～15°，c 值为 0.02MPa 左右。由于这类土饱水而结构疏松，所以在振动等强烈扰动下其强度也会剧烈降低，甚至液化变为悬液，这种现象称为触变性。同时，淤泥类土的蠕变性显著，必须考虑长期强度问题。

淤泥类土的成分和结构是决定其工程地质性质的根本因素。有机物和黏粒含量越多，土的亲水性越强，则压缩性就越高；孔隙比越大，则含水率越高，压缩性就越高；强度越低，灵敏度越大，压缩性越差。

二、黄土

黄土是一种特殊的第四纪陆相松散堆积物。黄土的颜色主要呈黄色或褐黄色，颗粒成分以粉粒为主，富含碳酸钙，有肉眼可见的大孔隙，天然剖面上垂直节理发育，被水浸湿后土体显著沉陷（湿陷性）。黄土在世界上分布很广，欧洲、北美、中亚均有分布，面积达 1 300 $\times 10^4 km^2$。我国黄土分布面积约 $64\times 10^4 km^2$，主要分布在西北、华北和东北等地。这些地区干旱少雨，具有大陆性气候特点。

我国黄土从早更新世开始堆积，经历了整个第四纪，直到目前还没有结束。按地层时代及其基本特征，黄土可分为三类，各类黄土的主要特征见表 2 - 14。形成于早更新世的午城黄土和中更新世的离石黄土称为老黄土。午城黄土主要分布在陕甘高原，覆盖在古近纪、新近纪红土层或基岩上。离石黄土分布广，厚度大，构成黄土高原的主体。老黄土一般无湿陷性，承载力较高。晚更新世的马兰黄土及全新世早期的黄土称为新黄土。新黄土广泛覆盖于老黄土之上，在北方各地分布较广，其分布面积约占我国黄土分布面积的 60%，尤以马兰黄土分布最广，一般都具有湿陷性。近几百年至近几十年形成的黄土称新近堆积黄土。新近堆积黄土分布于局部地方，厚度仅数米，土质松散，压缩性高，湿陷性不一，承载力较低。

表 2 - 14　不同黄土主要特征

特征 年代		颜色	土层特征	姜石及包含物	古土壤层	沉积环境及层位	开挖情况
新近堆积黄土 Q_4^2		浅至深褐色，暗黄或灰黄等	多虫孔及植物根孔，孔壁常有白色粉末状碳酸盐结晶，结构松软呈蜂窝状	少量小砾石及小姜石，有时混入人类活动遗物	无	山前、山脚坡积洪积扇表层，古河道及已堵塞的湖塘、沟谷和河流泛滥区	开挖极为容易，进度很快
新黄土	次生黄土 Q_4^1	褐黄至黄褐等	具大孔性，有虫孔及植物根孔，土质较均匀，稍密至中密	少量小姜石及砾石和人类活动遗物	有埋藏土（呈浅灰色）或无	河流两岸阶地沉积	锹挖容易，但进度较慢
	马兰黄土 Q_3	浅黄至灰黄等	具大孔性，有虫孔及植物根孔，铅直节中密理发育，土质较均匀，易产生陷穴和天然桥，结构较疏松，稍密至中密	少量细小姜石，零星分布	浅部有埋藏土，一般为浅灰色	阶地、塬坡表部及其过渡地带，其下为 Q_2 黄土	锹挖较容易
老黄土	离石黄土 Q_2	深黄、棕黄及微红等	少量大孔或无大孔，土质紧密，块状节理发育，抗蚀力强，土质较均匀，不见层理，下部有砂砾等粗颗粒	上部有姜石，少而小，古土壤层下姜石粒径为 5 ～ 20cm，成层分布或呈钙质胶结	有数层至十余层，上部间距为 3～4m，下部为 1～2 m，每层厚约 1m	下部为 Q_1 黄土	用镐、锹开挖较费力
	午城黄土 Q_1	微红及橙红等	不具大孔性，土质紧密至坚硬，颗粒均匀，柱状节理发育，不见层理，有时夹砂砾石等粗颗粒	姜石含量较 Q_2 少，成层及零星分布于土层内，粒径为 1～3cm	古土壤层不多，呈棕红、褐色	下与古近纪、新近纪红黏土或砂砾层接触	用镐、锹开挖很困难

（一）黄土的成分和结构特征

黄土基本由小于0.25mm的颗粒组成，尤以0.01～0.1mm的颗粒占主要地位。粉粒含量超过50%，且其中主要是粗粉粒。砂粒含量较少，一般小于20%，并以粉砂粒为主。黏粒含量变化较大，为5%～35%，一般为15%～25%。

黄土中含有60多种矿物。碎屑矿物占3/4以上，主要为石英、长石、碳酸盐类矿物，还有少量云母类矿物和重矿物。黄土中含10%～25%的黏土矿物，大多数为伊利石，并有少量蒙脱石和高岭石。易溶盐、中溶盐及有机物的含量较少，一般不超过2%。

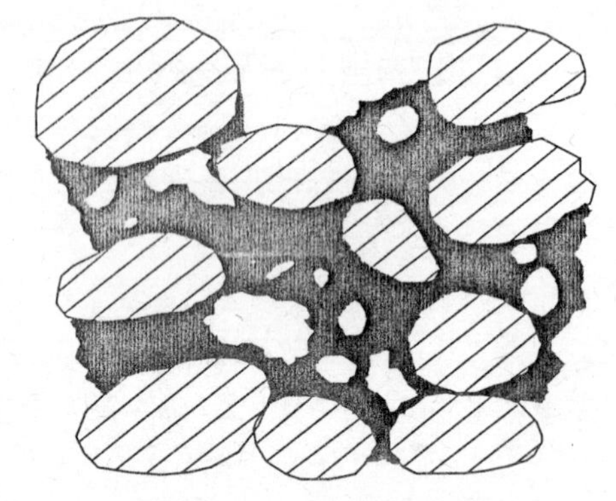

图2-7 黄土结构示意图

黄土的结构为非均质的骨架式架空结构（图2-7）。由石英、长石及少量云母、重矿物和碳酸钙组成的极细砂粒和粉粒构成基本骨架，其中砂粒相互基本不接触，浮于粗粉粒构成的架空结构中，由石英和碳酸钙等组成的细粉粒为填料，聚集在较粗颗粒接触点之间；以伊利石或高岭石为主（还含有少量的腐殖质和其他胶体）的黏粒、吸附的水膜以及部分水溶盐为胶结物质，依附在上述各种颗粒的周围，并将粗颗粒胶结起来，形成大孔和多孔的结构形式。

（二）黄土的一般工程地质性质

天然状态下的黄土一般具有如下一些特点。

(1) 密度小，孔隙率大。黄土的干密度较小，一般为1.3～1.5g/cm^3。孔隙较大，孔隙率高，常为45%～55%（孔隙比为0.8～1.1)。

(2) 含水较少。含水率一般在10%～25%之间，常处于半固态或硬塑状态，饱和度一般为30%～70%。

(3) 塑性较弱。黄土的液限一般为23%～33%，塑限常在15%～20%之间，塑性指数在8～13之间。

(4) 透水性较强。由于大孔隙和垂直节理发育，黄土的透水性比粒度成分相类似的一般细粒土要强得多，渗透系数可达1m/d以上，且各向异性明显，铅直方向比水平方向要强得多，渗透系数大数倍甚至数十倍。

(5) 抗水性弱。黄土遇水强烈崩解，膨胀量较小，但失水收缩较明显，遇水湿陷较明显。

(6) 压缩性中等，抗剪强度较高。天然状态下的黄土，压缩系数一般介于0.2～0.5MPa^{-1}之间，φ值一般为15°～25°，c值一般为0.03～0.06MPa。随含水量增加，黄土的压缩性急剧增大，抗剪强度显著降低。新近堆积的黄土，土质松软，强度低，压缩性高。

（三）黄土的湿陷性

黄土在一定压力作用下受水浸湿后，结构迅速破坏而产生显著附加沉陷的性质，称为湿陷性，它是黄土特有的工程地质性质。黄土的湿陷性又分为自重湿陷和非自重湿陷两种类型。前者指黄土遇水后，在其本身的自重作用下产生沉陷的现象；后者指黄土浸水后，在附加荷载作用下所产生的附加沉陷。划分自重湿陷性黄土和非自重湿陷性黄土，对工程建筑具有较大的实际意义。在这两种不同湿陷性黄土地区进行建筑时，采用的各项措施及施工要求均有较大差别。野外无荷载试坑浸水试验资料表明，我国兰州地区的黄土具有明显或强烈的自重湿陷性，而西安和太原地区的黄土，往往是非自重湿陷性黄土或仅局部地区是自重湿陷性黄土。

（四）黄土湿陷性的评价

评价黄土湿陷性的方法很多，但归纳起来有间接方法和直接方法两种。

1. 间接方法

间接方法是根据黄土的物质成分及物理力学指标，大致说明黄土湿陷的可能性。塑性指数小于12、含水率与塑限之比小于1.2、孔隙比大于0.8、干密度小于1.5g/cm^{3}的黄土，具有湿陷性。尤其是含水率与塑限之比小于1.0、孔隙比大于1.0的黄土，其湿陷性最明显。而含水率与塑限之比大于1.2、孔隙比小于0.8、干密度大于1.5g/cm^{3}的黄土，其湿陷性微弱或无湿陷性。总之，低塑性、低含水量、低密度的黄土，常具有湿陷性。

2. 直接方法

直接方法是利用湿陷性指标，直接判断黄土的湿陷性。常用的湿陷性指标有湿陷系数、自重湿陷系数、计算自重湿陷量、总湿陷量和湿陷起始压力等。下面简要叙述湿陷系数指标，直接判断黄土的湿陷性。

黄土试样在某压力（P）作用下稳定的湿陷变形值与试样原始高度的比值，称湿陷系数，即：

$$\delta_s=\frac{h_P-h_P'}{h_0} \tag{2-23}$$

式中：h_P——保持天然的湿度和结构的土样，施加一定压力时，压缩稳定后的高度，cm；

h_P'——上述加压稳定后的土样，在浸水作用下，下沉稳定后的高度，cm；

h_0——土样的原始高度，cm。

δ_s值越大，说明黄土的湿陷性越强烈，但在不同压力下，黄土的δ_s是不一样的。测定湿陷系数的压力，应自基础底面（初步勘察时，自地面下1.5m）算起，10m之内的土层应用200kPa，10m以下至非湿陷性土层顶面，应用其上覆土的饱和自重压力（当其大于300kPa时，仍应用300kPa）。根据湿陷系数，判定黄土湿陷性的标准是：$\delta_s<0.015$，为非湿陷性黄土；$\delta_s\geqslant0.015$，为湿陷性黄土。

三、膨胀土

膨胀土又称胀缩土，是指随含水量的增加而膨胀，随含水量的减少而收缩，具有明显膨胀和收缩特性的细粒土。

膨胀土在世界上分布很广，如印度、以色列、美国、加拿大、南非、加纳、澳大利亚、西班牙、英国等国均有广泛分布。在我国，膨胀土也分布很广，如云南、广西、贵州、湖北、湖南、河北、河南、山东、山西、四川、陕西、安徽等省区不同程度地都有分布，其中尤以云南、广西、贵州及湖北等省区分布较多，具有代表性。

膨胀土一般分布在二级及二级以上的阶地上或盆地的边缘，大多数是晚更新世及其以前的残坡积、冲积、洪积物，也有新近纪至第四纪的湖相沉积物及其风化层。

（一）膨胀土的成分、结构特征

膨胀土中黏粒含量较高，常达35%以上。矿物成分以蒙脱石和伊利石为主，高岭石含量较少。

膨胀土一般呈红、黄、褐、灰白等色，具斑状结构，常含铁、锰或钙质结核。土体常具有网状裂隙，裂隙面比较光滑。土体表层常出现各种纵横交错的裂隙和龟裂现象，使土体的完整性破坏，强度降低。

（二）膨胀土的一般工程地质特征

(1) 在天然状态下，膨胀土具有较大的天然密度和干密度，含水率和孔隙比较小。膨胀土的孔隙比一般小于0.8，含水率多为17%～36%，一般在20%左右，但其饱和度较大，一般在80%以上。

(2) 膨胀土的液限和塑性指数都较大，塑限一般为17%～35%，液限一般为40%～68%，塑性指数一般为18～33。

(3) 膨胀土一般为超压密的细粒土，其压缩性小，属中—低压缩性土，抗剪强度一般都比较高，但遇水后强度显著降低。

(4) 膨胀土地区易产生边坡开裂、崩塌和滑动。

土方开挖工程中遇雨易发生坑底隆起和坑壁侧胀开裂，地下洞室周围易产生高地压和洞室周边土体大变形现象；地裂缝发育，对道路、渠道等易造成危害；其反复的吸水膨胀和失水收缩会造成围墙、室内地面以及轻型建、构筑物的破坏，甚至种植在建筑物周围的阔叶树木生长（吸水）都会对建筑物的安全构成影响。

四、红黏土

红黏土是指碳酸盐类岩石经强烈化学风化后形成的高塑性黏土。它广泛分布在我国云贵高原、四川东部、两湖和两广北部一些地区，是一种区域性的特殊土。红黏土是红土的一种主要类型。

红黏土主要为残积土、坡积土类型，一般分布在山坡、山麓、盆地或洼地中。其变化厚度很大，且与原始地形和下伏基岩面的起伏变化密切相关。分布在盆地或洼地时，其厚度变化大体上是边缘较薄，向中间逐渐增厚。当下伏基岩中溶沟、溶槽、石芽较发育时，上覆红黏土的厚度变化极大。就地区而论，贵州的红黏土厚度为3～6m，超过10m者较少；云南地区一般为7～8m，个别地段可达10～20m；湘西、鄂西、广西等地一般在10m左右。

（一）成分和结构特征

红黏土的颗粒细而均匀，黏粒含量很高，尤以小于0.002mm的细黏粒为主。矿物成分以黏土矿物为主，碎屑矿物较少，水溶盐和有机质含量都很少。黏土矿物以高岭石和伊利石为主，含少量绿泥石、蒙脱石等，倍半氧化物中Fe_2O_3多于Al_2O_3，碎屑矿物主要是石英。

红黏土由于黏粒含量较高，常呈蜂窝状和棉絮状结构，颗粒之间具有较牢固的铁质或铝质胶结。红黏土中常有很多裂隙、结核和土洞存在，从而影响土体的均一性。

（二）工程地质性质的基本特点

红黏土的物理力学性质指标的经验值见表2-15。从表2-15中可以看出，红黏土的特点是：高塑性和分散性，含水率高、密实度低，强度较高、压缩性较低，具有明显的收缩性，膨胀性轻微。

表 2-15　南方各省红黏土物理力学性质指标汇总

指标 地区	液限 (%)	塑限 (%)	含水率 (%)	孔隙比	含水比	内摩擦角 (°)	内聚力 (MPa)	压缩模量 (MPa)
湖北	51～76	25～37	30～55	0.92～1.59	0.51～0.80	11～22	0.030～0.078	
湖南株洲	47～62	22～30	29～60	0.84～1.78	0.48～1.20	8～15	0.002～0.014	2.0～9.2
广西柳州	54～95	27～53	34～52	0.99～1.50	0.47～0.74	10～26	0.014～0.090	6.5～17.2
云南	50～75	30～40	27～55	0.90～1.60	0.55～0.84	16～28	0.025～0.085	6.0～16.0
贵州	60～110	35～60	34～63	1.00～1.80	0.50～0.73	9～15	0.034～0.085	4.1～20.0

红黏土具有强度高、压缩性小的特点，是较好的地基土。但是，在红黏土地区进行建筑时也常出现一些问题，应加以注意。一是红黏土有胀缩性，有的红黏土膨胀收缩较明显，膨胀力可达 180kPa。二是红黏土受所处的位置和形成条件等因素影响，其性质与厚度变化较大。沿深度方向上，红黏土的含水率、孔隙比、压缩系数随深度的增加都有较大的增高，软硬程度由坚硬、硬塑变为可塑、软塑，强度大幅度降低。在水平方向上，地势较高处红黏土的含水率和压缩性较低，强度较高，而地势低洼处则相反。在岩溶发育的石灰岩地区，红黏土厚度变化往往很大，易造成地基的不均匀沉陷。因此，不能将红黏土视作为均质体，应按其稠度状态和成分不同，将其划分为不同的土质单元，然后分别予以评价。三是强烈的失水收缩使红黏土表层裂隙很发育，破坏了土体的完整性，降低了土体的强度，增强了透水性，这对于浅埋基础或边坡的稳定性都有影响。四是红黏土中常有“土洞”存在（与下伏碳酸盐类岩石的岩溶关系密切），对建筑物地基稳定性极为不利。

上述各问题在场地勘察时应予以查明。

五、填土

填土是一定的地质、地貌和社会历史条件下，由于人类活动而堆填的土。由于我国幅员广大，历史悠久，因此在我国大多数古老城市的地表面，广泛覆盖着各种类别的填土层。

（一）主要类型

填土分为素填土、杂填土、冲填土三类。

素填土是由碎石、砂、粉土、黏性土等一种或几种土通过人工堆填方式而形成的土，其中经过分层压实后的称为压实填土，未经压实处理的称为虚填土。即使是压实填土，由于其形成的时间极短，所以结构性能一般很差。虚填土俗称“活土”，极其疏松，在工程中遇到时必须进行换填压实处理。

杂填土是指大量的建筑垃圾、工业废料或生活垃圾等人工堆填物，其中建筑垃圾和工业废料一般均质性差，尤以建筑垃圾为甚；生活垃圾物质成分复杂，且含有大量的污染物，不能作为地基材料，当建筑场地为生活垃圾所覆盖时，必须予以挖除。由建筑垃圾和工业废料堆成的杂填土也常常需要进行人工处理后方可作为地基。

冲填土是借助水力冲填泥砂而形成的土，一般压缩性大、含水量大、强度低。

（二）主要工程地质性质

填土一般具有不均匀性、湿陷性、自重压密性、强度低和压缩性高等工程特性。

(1) 素填土。素填土的工程性质主要受其均匀性和密实度影响。在堆积过程中，未经人工压密实者，则密实度较差；随着堆积时间的增加，由于土的自重压密作用，可使土达到一定密实度。

(2) 杂填土。由于杂填土的堆积条件、堆积时间、堆积物质来源和组成成分的复杂和差异，使杂填土的性质很不均匀，密度变化大，分布范围和厚度的变化均缺乏规律性，具有极大的人为随意性。杂填土一般为欠压密土，堆积时间短、结构疏松，具有较高的压缩性和很低的强度，同时浸水后往往湿陷变性。由于杂填土组成物质的复杂多样性，其孔隙大且渗透性不均匀。

(3) 冲填土。冲填土的颗粒组成有砂粒、黏粒和粉粒，在冲填过程中随泥砂来源的变化，冲填土在纵横方向上具不均匀性，土层多呈透镜体状或薄层状出现。冲填土的含水量一般大于液限，呈软塑或流塑状态，其透水性弱、排水固结差。

复习思考题

1. 什么叫做土的粒度成分？它是怎样影响土的工程性质的？
2. 组成土的矿物有哪些类型？对土的工程性质有什么影响？
3. 土中结合水、毛细水和重力水的性质是什么？对土的工程性质有什么影响？
4. 什么叫做土的结构？不同土的结构有什么特征？
5. 土的基本物理性质指标的定义及其换算关系是什么？
6. 为什么说无黏性土的密实度、黏性土的塑性指数与液性指数是综合反映它们各自工程性质特征的指标？
7. 土的压缩性和抗剪强度指标的含义及计算式是什么？
8. 土根据其成因可以分为哪几种类型？各有什么特征？
9. 软土、湿陷性黄土、红黏土、膨胀土和填土的特征和工程性质是什么？

第三章　岩石与岩体的工程性质

岩石是指由矿物和岩屑在长期的地质作用下，按一定规律聚集而成的自然体。由于成因的不同，岩石可分成火成岩、沉积岩、变质岩三大类。岩体是指在一定工程范围内的自然地质体。通常认为岩体是由岩石和结构面组成。所谓的结构面是指没有抗拉强度或者具有极低抗拉强度的力学不连续面，它包括一切地质分离面。这些地质分离面大到延伸几千米的断层，小到岩石矿物中的片理和解理等。从结构面的力学特性来看，它往往是岩体中相对比较薄弱的环节。因此，结构面的力学特性在一定的条件下将控制岩体的力学特性，控制岩体的强度和变形。

第一节　岩石的物理性质

岩石和土一样，也是由固体、液体和气体三相组成的。所谓物理性质是指岩石三相组成部分的相对比例关系不同所表现的物理状态。与工程密切相关的物理性质有密度和空隙性。

一、岩石的基本物理性质

（一）岩石的密度

岩石密度是指单位体积内岩石的质量，单位为 g/cm^3。它是建筑材料选择、岩石风化研究及岩体稳定性和围岩压力预测等必需的参数。岩石密度又分为颗粒密度和块体密度，各类常见岩石的密度值列于表 3－1。

表 3－1　常见岩石的物理性质指标值

岩石类型	颗粒密度（ρ_s）(g/cm^3)	块体密度（ρ_s）(g/cm^3)	孔隙率(%)	吸水率(%)	软化系数（K_R）
花岗岩	2.79～2.84	2.30～2.80	0.4～0.5	0.72～0.97	
闪长岩	2.60～3.10	2.52～2.96	0.2～0.5	0.3～5.0	0.60～0.80
辉绿岩	2.60～3.10	2.53～2.97	0.3～5.0	0.8～5.0	0.33～0.90
安山岩	2.40～2.80	2.30～2.70	1.10～4.5	0.3～4.5	0.81～0.91
玢　岩	2.60～2.84	2.40～2.80	2.1～5.0	0.4～1.7	0.78～0.81
玄武岩	2.60～3.30	2.50～3.10	0.5～7.2	0.3～2.8	0.3～0.95
凝灰岩	2.56～2.78	2.29～2.50	1.5～7.5	0.5～7.5	0.52～0.86
砾岩	2.67～2.71	2.40～2.66	0.8～10.0	0.3～2.4	0.50～0.96
砂岩	2.60～2.75	2.20～2.71	1.6～28.0	0.2～9.0	0.65～0.97
页岩	2.57～2.77	2.30～2.62	0.4～10.0	0.5～3.2	0.24～0.74
石灰岩	2.48～2.85	2.30～2.77	0.5～27.0	0.1～4.5	0.70～0.94
泥灰岩	2.70～2.80	2.10～2.70	1.0～10.0	0.5～3.0	0.44～0.54
片麻岩	2.63～3.01	2.30～3.00	0.7～2.2	0.1～0.7	0.75～0.97
石英片岩	2.60～2.80	2.10～2.70	0.7～3.0	0.1～0.3	0.44～0.84
绿泥石片岩	2.80～2.90	2.10～2.85	0.8～2.1	0.1～0.6	0.53～0.69
千枚岩	2.81～2.96	2.71～2.86	0.4～3.6	0.5～1.8	0.67～0.96
泥质板岩	2.70～2.85	2.30～2.80	0.1～0.5	0.1～0.3	0.39～0.52
石英岩	2.53～2.84	2.40～2.80	0.1～8.7	0.1～1.5	0.94～0.96

1. 颗粒密度

岩石的颗粒密度（ρ_s）是指岩石固体相部分的质量与其体积的比值。它不包括空隙在内，因此其大小仅取决于组成岩石的矿物密度及其含量。如基性、超基性岩浆岩含密度大的矿物较多，岩石颗粒密度也大，一般为 2.7～3.2g/cm^3；酸性岩浆岩含密度小的矿物较多，岩石颗粒密度也小，多在 2.5～2.85g/cm^3 之间；而中性岩浆岩则介于上述二者之间。又如硅质胶结的石英砂岩，其颗粒密度接近于石英密度；石灰岩和大理岩的颗粒密度多接近于方解石密度。

岩石的颗粒密度属实测指标，常用比重瓶法进行测定。

2. 块体密度

块体密度（或岩石密度）是指岩石单位体积内的质量，按岩石试件的含水状态，又有干密度（ρ_d）、饱和密度（ρ_{sat}）和天然密度（ρ）之分，在未指明含水状态时一般是指岩石的天然密度。各自的定义如下：

$$\rho_d=\frac{m_s}{V} \tag{3-1}$$

$$\rho_{sat}=\frac{m_{sat}}{V} \tag{3-2}$$

$$\rho=\frac{m}{V} \tag{3-3}$$

式中：m_s——岩石试件的干质量；

m_{sat}——岩石试件的饱和质量；

m——岩石试件的天然质量；

V——试件的体积。

岩石的块体密度除与矿物组成有关外，还与岩石的空隙性及含水状态密切相关。致密且裂隙不发育的岩石，块体密度与颗粒密度很接近，随着孔隙、裂隙的增加，块体密度相应减小。

岩石的块体密度可采用规则试件的量积法及不规则试件的蜡封法测定。

（二）岩石的空隙性

岩石是有较多缺陷的多晶材料，因此具有相对较多的孔隙。同时，由于岩石经受过多种地质作用，还发育有各种成因的裂隙，如原生裂隙、风化裂隙及构造裂隙等。所以，岩石的空隙性比土复杂得多，即其除了具有孔隙外，还有裂隙存在。另外，岩石中的空隙有些部分往往是互不连通的，而且与大气也不相通。因此，岩石中的空隙有开型空隙和闭空隙之分，开型空隙按其开启程度又有大、小开型空隙之分。与此相对应，可把岩石的空隙率分为总空隙率（n）、总开空隙率（n_0）、大开空隙率（n_b）、小开空隙率（n_a）和闭空隙率（n_c）几种，各自的含义如下：

$$n=\frac{V_v}{V}\times 100\%=\left(1-\frac{\rho_d}{\rho_s}\right)\times 100\% \tag{3-4}$$

$$n_0=\frac{V_{v0}}{V}\times 100\% \tag{3-5}$$

$$n_b=\frac{V_{vb}}{V}\times 100\% \tag{3-6}$$

$$n_a=\frac{V_{va}}{V}\times100\%=n_0-n_b \tag{3-7}$$

$$n_c=\frac{V_{vc}}{V}\times100\%=n-n_0 \tag{3-8}$$

式中：V_v——岩石中空隙的总体积；

V_{v0}——岩石中空隙的总开空隙体积；

V_{vb}——岩石中空隙的大开空隙体积；

V_{va}——岩石中空隙的小开空隙体积；

V_{vc}——岩石中空隙的闭空隙体积；

其他符号意义同前。

一般提到的岩石空隙率系指总空隙率，其大小受岩石的成因、时代、后期改造及其埋深的影响，变化范围很大。岩石的空隙性对岩块及岩体的水理、热学性质及力学性质影响很大。一般来说，空隙率愈大，岩块的强度愈小，塑性变形和渗透性愈大。同时岩石由于空隙的存在，使之更易遭受各种风化营力作用，导致岩石的工程地质性质进一步恶化。对可溶性岩石来说，空隙率大，可以增强岩体中地下水的循环与联系，使岩溶更加发育，从而降低了岩石的力学强度并增强其透水性。当岩体中的空隙被黏土等物质充填时，则又会给工程建设带来诸如泥化夹层或夹泥层等岩体力学问题。因此，对岩石空隙性的全面研究，是岩体力学研究的基本内容之一。

二、岩石的水理性质

岩石在水溶液作用下表现出来的性质，称为水理性质。主要有吸水性、软化性、抗冻性及透水性等。

（一）岩石的吸水性

岩石在一定的试验条件下吸收水分的能力，称为岩石的吸水性。常用吸水率、饱和吸水率与饱水系数等指标表示。

1. 吸水率

岩石的吸水率（W_a）是指岩石试件在大气压力和室温条件下自由吸入水的质量（m_{w1}）与岩样干质量（m_s）之比，用百分数表示，即：

$$W_a=\frac{m_{w1}}{m_s}\times100\% \tag{3-9}$$

测时先将岩样烘干并称干质量，然后浸水饱和。由于试验是在常温常压下进行的，岩石浸水时，水只能进入大开空隙，而小开空隙和闭空隙水不能进入。因此可用吸水率来计算岩石的大开空隙率（n_b），即：

$$n_b=\frac{V_{vb}}{V}\times100\%=\left(1-\frac{\rho_d W_a}{\rho_w}\right)\times100\% \tag{3-10}$$

式中：ρ_w——水的密度，取 $\rho_w=1\mathrm{g/cm^3}$。

岩石的吸水率大小主要取决于岩石中孔隙和裂隙的数量、大小及其开启程度，同时还受到岩石成因、时代及岩性的影响。大部分岩浆岩和变质岩的吸水率为0.1%～2.0%，沉积岩的吸水性较强，其吸水率多为0.2%～7.0%。

2. 饱和吸水率

岩石的饱和吸水率（W_p）是指岩石试件在高压（一般压力为15MPa）或真空条件下吸入水的质量（m_{w2}）与岩样干质量（m_s）之比，用百分数表示，即：

$$W_p=\frac{m_{w2}}{m_s}\times 100\% \tag{3-11}$$

在高压（或真空）条件下，一般认为水能进入所有开空隙中，因此岩石的总开空隙率可表示为：

$$n_0=\frac{V_{v0}}{V}\times 100\%=\frac{\rho_d W_p}{\rho_s}\times 100\% \tag{3-12}$$

岩石的饱和吸水率也是表示岩石物理性质的一个重要指标。由于它反映了岩石总开空隙的发育程度，因此亦可间接地用它来判定岩石的抗风化能力和抗冻性。常见岩石的饱和吸水率见表3-2。

表3-2 几种岩石的渗透系数值

岩石名称	空隙情况	渗进系数 K（cm/s）
花岗岩	较致密、微裂隙	$1.1\times10^{-12}\sim9.5\times10^{-11}$
	含微裂隙	$1.1\times10^{-11}\sim2.5\times10^{-11}$
	微裂隙及部分粗裂隙	$2.8\times10^{-9}\sim7\times10^{-8}$
石灰岩	致密	$3\times10^{-12}\sim6\times10^{-10}$
	微裂隙、孔隙	$2\times10^{-9}\sim3\times10^{-6}$
	空隙较发育	$9\times10^{-6}\sim3\times10^{-4}$
片麻岩	致密	$<10^{-13}$
	微裂隙	$9\times10^{-8}\sim4\times10^{-7}$
	微裂隙发育	$2\times10^{-8}\sim3\times10^{-6}$
辉绿岩、玄武岩	致密	$<10^{-13}$
砂岩	较致密	$10^{-12}\sim2.5\times10^{-10}$
	空隙发育	5.5×10^{-6}
页岩	微裂隙发育	$2\times10^{-10}\sim8\times10^{-9}$
片岩	微裂隙发育	$10^{-6}\sim5\times10^{-5}$
石英岩	微裂隙	$1.2\times10^{-10}\sim1.8\times10^{-10}$

3. 饱水系数

岩石的吸水率（W_a）与饱和吸水率（W_p）之比，称为饱水系数。它反映了岩石中大、小开空隙的相对比例关系。一般来说，饱水系数愈大，岩石中的大开空隙相对愈多，而小开空隙相对愈少。另外，饱水系数大，说明常压下吸水后余留的空隙就愈少，岩石愈易被冻胀破坏，因而其抗冻性差。

（二）岩石的软化性

岩石浸水饱和后强度降低的性质，称为软化性，用软化系数（K_R）表示。K_R定义为岩石试件的饱和抗压强度（σ_{cw}）与干抗压强度（σ_c）的比值，即：

$$K_R=\frac{\sigma_{cw}}{\sigma_c} \tag{3-13}$$

显然，K_R 愈小则岩石软化性愈强。研究表明：岩石的软化性取决于岩石的矿物组成与空隙性。当岩石中含有较多的亲水性和可溶性矿物，且含大开空隙较多时，岩石的软化性较强，软化系数较小。如黏土岩、泥质胶结的砂岩、砾岩和泥灰岩等岩石，软化性较强，其软化系数一般为0.4～0.6。当软化系数 $K_R>0.75$ 时，岩石的软化性弱，同时也说明岩石的抗冻性和抗风化能力强。而 $K_R<0.75$ 的岩石则是软化性较强和工程地质性质较差的岩石。

软化系数是评价岩石力学性质的重要指标，特别是在水工建设中，对评价坝基岩体稳定性时具有重要意义。

（三）岩石的抗冻性

岩石抵抗冻融破坏的能力，称为抗冻性。常用抗冻系数和质量损失率来表示。抗冻系数（R_d）是指岩石试件经反复冻融后的干抗压强度（σ_{c2}）与冻融前干抗压强度（σ_{c1}）之比，用百分数表示，即：

$$R_d=\frac{\sigma_{c2}}{\sigma_{c1}}\times100\% \tag{3-14}$$

质量损失率（K_m）是指冻融试验前后干质量之差（$m_{s1}-m_{s2}$）与试验前干质量（m_{s1}）之比，用百分数表示，即：

$$K_m=\frac{m_{s1}-m_{s2}}{m_{s1}}\times100\% \tag{3-15}$$

试验时，要求先将岩石试件浸水饱和，然后在－20℃～20℃温度下反复冻融25次以上。冻融次数和温度可根据工程地区的气候条件选定。

岩石的抗冻性取决于造岩矿物的热物理性质和强度、粒间连结、开空隙的发育情况以及含水率等因素。由坚硬矿物组成，且具强的结晶联结的致密状岩石，其抗冻性较高。反之，则抗冻性低。一般认为 $R_d>75\%$，$K_m<2\%$ 时，为抗冻性高的岩石；另外，$W_a<5\%$、$K_R>0.75$ 和饱水系数小于0.8的岩石，其抗冻性也相当高。

（四）岩石的透水性

在一定的水力梯度或压力差作用下，岩石能被水透过的性质，称为透水性。渗透系数是表征岩石透水性的重要指标，其大小取决于岩石中空隙的数量、规模及连通情况等，并可在室内根据达西定律测定。某些岩石的渗透系数见表3-2，由该表可知：岩石的渗透性一般都很小，远小于相应岩体的透水性，新鲜致密岩石的渗透系数一般小于 10^{-7} cm/s。同一种岩石，有裂隙发育时，渗透系数急剧增大，一般比新鲜岩石大4～6个数量级，说明空隙性对岩石透水性的影响是很大的。

应当指出，对裂隙岩体来说，不仅其透水性远比岩块大，而且水在岩体中的渗流规律也比达西定律所表达的线性渗流规律要复杂得多。因此，达西定律在多数情况下不适用于裂隙岩体，必须用裂隙岩体渗流理论来解决其水力学问题。

三、岩石的热学性质

岩石的热学性质，在诸如深埋隧洞、高寒地区及地温异常地区的工程建设、地热开发以及核废料处理和石质文物保护中都具有重要的实际意义。在岩体力学中，常用的热学性质指标有比热容、导热系数、热扩散率和热膨胀系数等。

（一）岩石的比热容

在岩石内部及其与外界进行热交换时，岩石吸收热能的能力，称为岩石的热容性。根据热力学第一定律，外界传导给岩石的热量（ΔQ），消耗在内部热能改变（温度上升）ΔE 和引起岩石膨胀所做的功（A）上，在传导过程中热量的传入与消耗总是平衡的，即 $\Delta Q=\Delta E+A$。对岩石来说，消耗在岩石膨胀上的热能与消耗在内能改变上的热能相比是微小的，这时传导给岩石的热量主要用于岩石升温上。因此，如果设岩石由温度 T_1 升高至 T_2 所需要的热量为 ΔQ，则：

$$\Delta Q=cm\,(T_2-T_1) \tag{3-16}$$

式中：m——岩石的质量；

c——岩石的比热容，J/（kg·K），其含义为使单位质量岩石的温度升高 1K（开尔文）时所需要的热量。

（二）岩石的导热系数

岩石传导热量的能力，称为热传导性，常用导热系数表示。根据热力学第二定律，物体内的热量通过热传导作用不断地从高温点向低温点流动，使物体内温度逐步均一化。设面积为 A 的平面上，温度仅沿 x 方向变化，这时通过 A 的热流量（Q）与温度梯度 $\mathrm{d}T/\mathrm{d}x$ 及时间 $\mathrm{d}t$ 成正比，即：

$$Q=-kA\frac{\mathrm{d}T}{\mathrm{d}x}\mathrm{d}t \tag{3-17}$$

式中：k——导热系数，W/（m·K），含义为当 $\mathrm{d}T/\mathrm{d}x$ 等于 1 时单位时间内通过单位面积岩石的热量。

（三）岩石的热膨胀系数

岩石在温度升高时体积膨胀，温度降低时体积收缩的性质，称为岩石的热膨胀性，用线膨胀（收缩）系数或体膨胀（收缩）系数表示。

当岩石试件的温度从 T_1 升高至 T_2 时，由于膨胀使试件伸长 Δl，伸长量 Δl 用下式表示：

$$\Delta l=\alpha l\,(T_2-T_1) \tag{3-18}$$

式中：α——线膨胀系数，K^{-1}；

l——岩石试件的初始长度。

由式（3-18）可得：

$$\alpha=\frac{\Delta l}{l(T_2-T_1)} \tag{3-19}$$

岩石的体膨胀系数大致为线膨胀系数的 3 倍。多数岩石的线膨胀系数为 $0.3\times10^{-3}\sim3\times10^{-3}\mathrm{K}^{-1}$。另外，层状岩石具有热膨胀各向异性，同时岩石的线膨胀系数和体膨胀系数都随压力的增大而降低。

（四）温度对岩石特性的影响

温度对岩石特性的影响主要包括两方面：一是温度对岩体力学性质的影响；二是由于温度变化引起的热应力的影响。目前，这方面的研究刚起步。在国内，由于液化天然气的代储存、复杂地质条件下的冻结施工及核废料处理等工程的需要，温度的影响问题已逐渐被人们重视。

岩石在低温条件下，总的来说，其力学性质都有不同程度的改善，各种岩石的抗压强度与变形模量随温度降低而逐渐提高。但其改善的程度则取决于冻结温度、岩石的空隙性及其力学性质。

在高温条件下，岩石特性甚至有某些化学上的变化，目前这方面的研究还很少。就已有的资料来看，岩石的抗压强度（σ_c）和变形模量（E）均随温度升高而逐渐降低（表 3－3）。

表 3－3　围压 16MPa 下，不同温度对大理岩特性的影响

事件编号	温度(t)(℃)	围压(σ_3)(MPa)	屈服强度(σ_c)(MPa)	峰值强度(MPa)	$\sigma_c(t)/\sigma_0(20℃)$	$\sigma_{1m}(t)/\sigma_{2m}(20℃)$	$f/\sigma_{1m}(t)$	E(GPa)
1	20	16	34.5	71.5	1.00	1.00	0.48	34.2
2	100	16	29.5	66.5	0.86	0.93	0.44	32.5
3	150	16	25.0	51.0	0.72	0.71	0.49	22.2

注：$\sigma_c(t)$为 t℃时岩石的饱和单轴抗压强度；$\sigma_0(20℃)$为 20℃时岩石的饱和单轴抗压强度；$\sigma_{1m}(t)$为 t℃时岩石的干单轴抗压强度；$\sigma_{2m}(20℃)$为 20℃时岩石的干单轴抗压强度。

第二节　岩石的力学性质

岩石的力学性质是指岩石在外力作用下所表现出来的性质，岩石的力学性质包括岩石的变形性质和强度性质。岩石的变形性质所表现的是岩石对外力的尺寸响应，而强度性质所表现的是岩石抵抗外力破坏的能力。

在外力作用下岩石首先产生变形，随着力的不断增加，达到或超过某一极限值时，便产生破坏，岩石遭受破坏时的应力称为岩石的强度。研究岩石的力学性质，主要是要研究岩石的变形、破坏与强度等性质。

研究岩石的变形性质，主要是研究岩石在外力作用下所表现出来的应力-应变关系，而岩石的应力-应变关系又与岩石的受力状态有关，下面就岩石的变形性质加以阐述。

一、岩石的变形性质

（一）单向受压条件下的岩石变形

在外力作用下，岩石内部应力状态发生变化，由于质点位置的改变，引起岩石变形。岩石的变形可分为弹性变形和塑性变形两种。按固体力学定义，弹性变形是指物体受力发生相应的全部变形，并在外力解除的同时，变形立即消失，因而是可逆变形。塑性变形是指物体受力变形，在外力解除后，变形不再恢复，是不可逆变形，又称为永久变形或残余变形。

岩石的变形规律，可通过外力作用下的变形过程及变形参数说明。所以，首先来研究岩石的应力-应变关系。

1. 岩石的应力-应变曲线特征

岩石在连续加载条件下的应变，可分为轴向应变（ε_L）、横向应变（ε_d）和体积应变（ε_v）。前两者可用电阻应变仪测量。体积应变则用 $\varepsilon_v=\varepsilon_L-2\varepsilon_d$ 来进行计算求得。求得了各级应力下的这三种应变值，就可绘出相应的应力-应变曲线，也有的是由绘图仪直接自动绘出。该曲线是分析研究岩石变形机理的主要依据，其中以压应力-轴向应变曲线应用最广。

根据大量的实验研究，在单向压力作用下，典型的应力-应变全程曲线，即反映单轴压缩岩石试件在破裂前后全过程的应力-应变关系的曲线如图 3-1 所示。

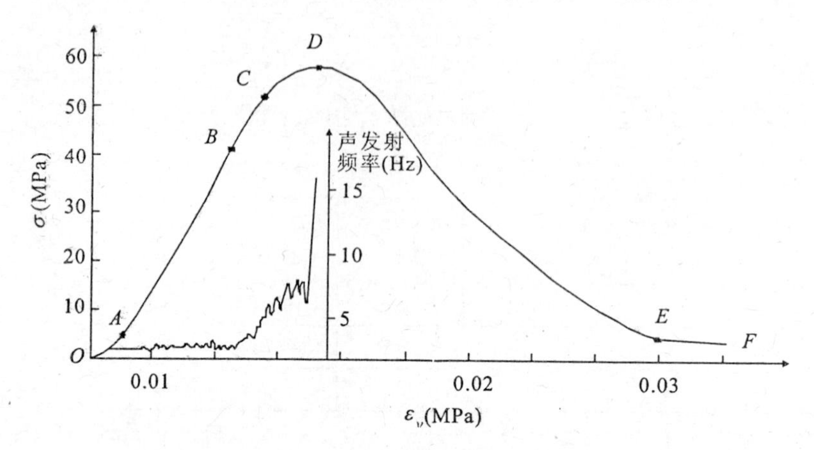

图 3-1　岩石典型全程应力-应变曲线

从图 3-1 可以将岩石的变形过程划分为六个阶段。

(1) 微裂隙及孔隙闭合阶段（*OA* 段）。在载荷作用初期，岩石中的裂隙及孔隙被逐渐压密，形成早期非线性变形。曲线呈上凹型，即斜率随着应力增大而逐渐增大，表明裂隙、孔隙压密开始较快，随后逐渐减慢。本阶段变形对裂隙化岩石来说比较明显，但对坚硬少裂隙的岩石则不明显，甚至不显现。

(2) 可恢复弹性变形阶段（*AB* 段）。随载荷增加，轴向变形成比例增长，斜率保持不变，并在很大程度上是可恢复的弹性变形。这一阶段的上界应力称为弹性极限，其值约等于峰值强度的 30%～40%。此阶段中有微量新型隙随之产生。

(3) 部分弹性变形至微裂隙扩展阶段（*BC* 段）。这一阶段的特点可由开始膨胀和近似性增长的体积应变来表征。这是由于岩石连续压缩所造成的。曲线 $\sigma-\varepsilon_L$ 仍呈近似直线，而曲线 $\sigma-\varepsilon_v$ 则明显偏离直线。这一阶段的上界应力称为屈服极限，这时岩石压密至最密实状态，体积应变趋于零，该点出现在 80%峰值强度处。

(4) 非稳定裂隙扩展至岩石结构破坏阶段（*CD* 段）。这一阶段的特点是微裂隙迅速增加和不断扩展，形成局部拉裂或剪裂面。体积变形由压缩转变为膨胀，最终导致岩石结构完全破坏。本阶段的上界应力称为峰值强度或单轴抗压强度。

(5) 微裂隙聚结与扩展阶段（*DE* 段）。岩石通过峰值应力阶段，虽然其内部结构完全破坏，但岩石仍呈整体。到本阶段裂隙扩展成分叉状，并相互联合形成宏观断裂面。此时由于应变软化效应，应力随着应变增加而降低。

(6) 沿破断面滑移阶段（*EF* 段）。本阶段岩石基本上已经分离成一系列碎块体，并在外力作用下相互滑移，随之变形不断增加。而应力则降低到某一稳定值，这一稳定值称为残余强度，其大小等于块体间的摩擦阻力。

通过各种岩石的实验研究，将岩石在单向压力作用下的应力-应变曲线归纳为六种类型（图 3-2）。

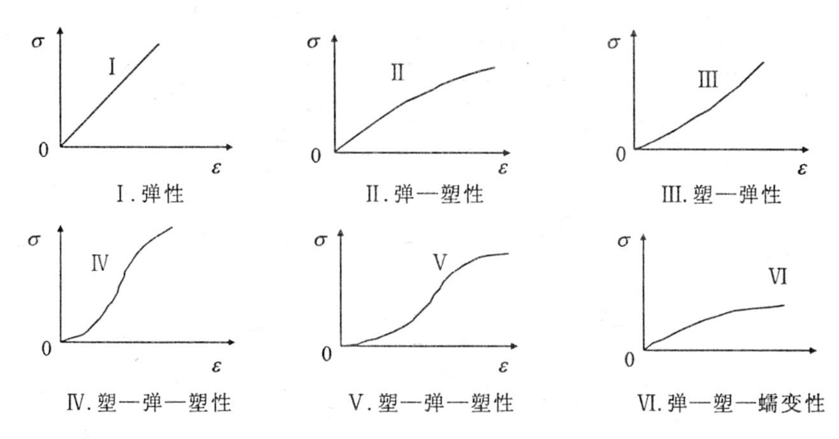

图 3-2　单轴压缩岩石直至破坏的典型应力-应变曲线

类型Ⅰ(弹性)，表现为近似于直线的特点，直到发生突发性破坏。如玄武岩、石英岩、辉绿岩、白云岩及坚硬石灰岩等的特征变形曲线。

类型Ⅱ(弹—塑性)，开始为直线，末端出现非弹性屈服段。较软而少裂隙的岩石，如石灰岩、粉砂岩和凝灰岩等，常呈这种变形曲线。

类型Ⅲ(塑—弹性)，开始为上凹型曲线，然后转变为直线。坚硬而裂隙较发育的岩石，如砂岩、花岗岩等，在垂直微裂隙方向加载时常具有这种变形曲线。

类型Ⅳ和类型Ⅴ(塑—弹—塑性)为 S 型曲线。曲线中段的斜率大小与岩性软硬程度有关。岩性较软且含有微裂隙者，如片麻岩、大理岩和片岩等常具有这种变形特性。

类型Ⅵ(弹—塑—蠕变性)，开始为直线，很快变为非线性变形和连续缓慢的蠕变变形，如盐岩和其他蒸发岩的特征变形曲线。

岩石在循环加载作用下的应力-应变关系，随着加卸载方法及卸载应力的不同而异。详见岩石力学等相关内容，在此从略。

2. *岩石的变形参数*

根据弹性理论，岩石的变形特征可用变形模量和泊松比两个基本参数表示。

1) 变形模量

指岩石在单向受压时，轴向应力（σ_d）与轴向应变（ε_L）之比。当压应力-应变为直线时，变形模量为常量，如图 3-3（a）所示，数值上等于直线的斜率。由于其变形为弹性变形，所以该模量又称为弹性模量。

当应力-应变为曲线关系时，变形模量为变量，即不同应力阶段上的模量不同。常用初始模量、切线模量和割线模量三种模量来表示，如图 3-3（b）所示。

初始模量（E_i）是指曲线原点处的切线斜率，即：

$$E_i=\frac{\sigma_i}{\varepsilon_i} \tag{3-20}$$

切线模量（E_t）是指曲线中段直线的斜率，即：

$$E_t=\frac{\sigma_2-\sigma_1}{\varepsilon_2-\varepsilon_1} \tag{3-21}$$

割线模量（E_S），是指曲线上某特定点与原点连线的斜率。通常取相当于抗压强度的应

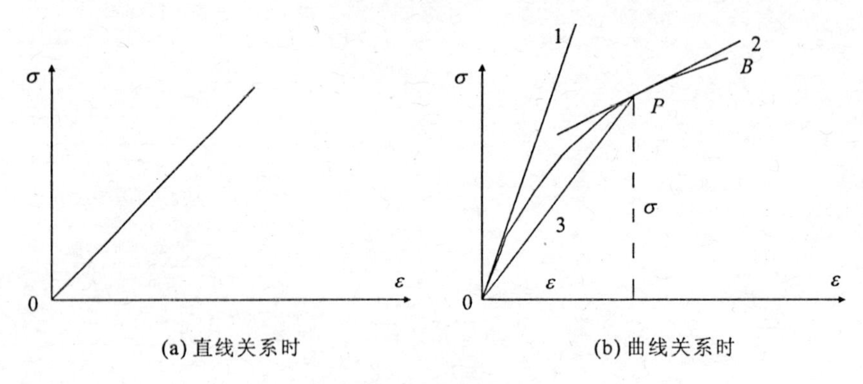

(a) 直线关系时　　(b) 曲线关系时

图 3 - 3　E 的确定方法

1. 初始模量；2. 切线模量；3. 割线模量

变点与原点连线的斜率，即：

$$E_S=\frac{\sigma_{50}}{\varepsilon_{50}} \tag{3-22}$$

对于卸载点的应力高于弹性极限时，则卸载曲线从原来的加载曲线偏离出来，如图3 - 4所示。

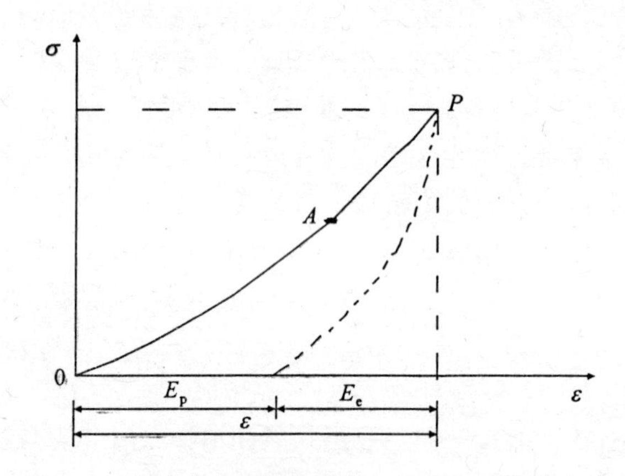

图 3 - 4　卸载点在弹性极限点以外的应力-应变曲线

假设能恢复的弹性变形为 ε_e，不能恢复的塑性变形为 ε_p，则岩石的弹性模量（E_e）和变形模量（E_o）分别为：

$$E_e=\frac{\sigma}{\varepsilon_e} \tag{3-23}$$

$$E_o=\frac{\sigma}{\varepsilon_e+\varepsilon_p} \tag{3-24}$$

2）泊松比（μ）

是指岩石在单向受压时，横向应变（ε_d）与轴向应变（ε_L）之比，即：

$$\mu=\frac{\varepsilon_d}{\varepsilon_L} \tag{3-25}$$

在实际工作中，常采用抗压强度的 50％的应变点的横向应变与轴向应变来计算泊松比。

实验研究表明，岩石的变形模量和泊松比往往具有各向异性的特征。当平行于微结构面加载时，变形模量最大；而垂直微结构面的变形模量最小。两者的比值，沉积岩一般为1.08～2.05，变质岩为2.0左右。

（二）岩石在三轴压缩条件下的变形性质

作为建筑物地基或场地的工程岩体，经常处于三向应力状态中。为此研究岩石在三向应力下的变形具有重要的意义。

为了研究岩石在三向应力下的变形，常进行两种应力状态下的三轴实验：一是$\sigma_1>\sigma_2>\sigma_3$，称为不等压或真三轴实验；二是$\sigma_1>\sigma_2=\sigma_3>0$，称为假三轴或常规三轴实验。

在围压作用下，岩石的变形特征与单向受压时不尽相同。首先岩石破坏前的应变随着围压的增大而增加；另外，随围压增大，岩石的塑性也不断增大，即随着围压增大，岩石逐渐由脆性转化为延性（即岩石能承受大量永久变形而不破坏的性质）。

围压对岩石变形模量的影响常因岩性而异。对坚硬少裂隙的岩石影响较小，而对软弱多裂隙的岩石影响较大。研究表明：对砂岩来说，随围压增大，其变形模量在屈服前可提高20%，而到接近破坏前则下降20%～40%。但总的来说，随着围压的增加，岩石的变形模量和泊松比都有一定程度的提高。

总之，岩石在三轴压缩条件下，随着围压的增加其变形特征如下。

(1) 弹性段的斜率变化不大，其相应的变形参数与单轴压缩条件下的变形参数基本相等；正因为如此，就可以通过相应的单轴实验确定复杂应力状态下的弹性常数。

(2) 某些岩石在一定侧压下，出现屈服平台或塑性流动现象。

(3) 屈服极限、强化程度、韧性（峰值时的极限应变量）及强度峰值，都与侧压大小成正比。

（三）岩石的流变性

岩石的流变性是指应力-应变随时间流逝而变化的性质，是岩土的重要力学性质之一。

岩石的流变性包括以下四个方面。

(1) 蠕变。即在应力大小和方向不变的条件下，随着时间的延长，应变不断增加的现象。

(2) 松弛。即在应变不变的条件下，随着时间的延长，应力降低的现象。

(3) 弹性后效。即加（卸）载后经过一段时间应变才增加（或减少）到应有数值的现象。

(4) 黏性流动。即蠕变一段时间后卸载，部分应变永久不能恢复的现象。

研究岩石的流变性主要是研究岩石的蠕变特性。在工程实践中，往往并非岩石的强度不够，而是由于蠕变使岩石产生了过量的变形，进而使工程体产生破坏。因此，在某些情况下，只按岩石（体）的强度来进行设计是不安全的，应该考虑岩石蠕变特性的影响。

岩石的蠕变特性主要取决于岩石本身的性质。像花岗岩一类的坚硬岩石，其蠕变变形很小，常可忽略；而像页岩、泥岩一类的软弱岩石，其蠕变变形往往很大，并导致蠕变破坏，必须引起重视，以便更切合实际地评价岩石变形及其稳定性。

当在岩石试件上施加一恒定的载荷时，岩石立即产生一瞬时弹性应变，然后便进入蠕变变形过程。一般可将蠕变变形过程分为三个阶段，如图3-5所示。

(1) 初始蠕变阶段（*AB*段）。其特点是应变最初随时间增长较快，但其增长率随时间的推移逐渐降低，曲线呈下凹型。

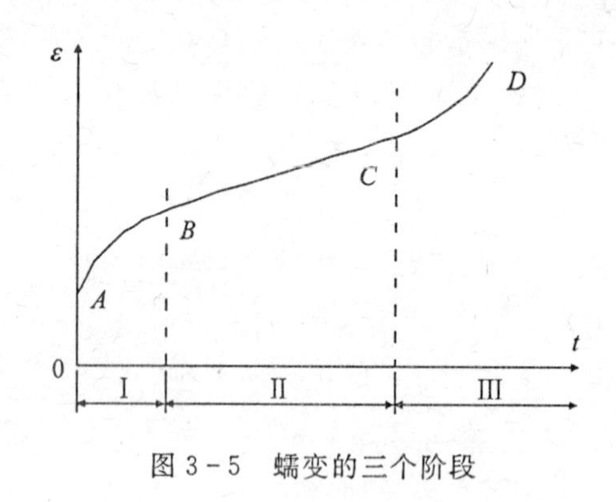

图 3-5　蠕变的三个阶段

（2）等速蠕变阶段（*BC* 段）。其特点是应变随时间近于等速增加，曲线呈近似直线。

（3）加速蠕变阶段（*CD* 段）。应变速率迅速增长，直至岩石破坏（*D* 点），本阶段是完成时间阶段。

任何一个蠕变阶段的持续时间，都取决于岩石类型、载荷大小及温度等因素。对同一种岩石来说，载荷值越大，Ⅱ阶段持续的时间也越短，Ⅲ阶段的破坏出现就越快，在载荷很大时，几乎在加载后就立即产生破坏。而在载荷较小时则可能仅出现Ⅰ阶段或Ⅰ、Ⅱ阶段。使岩石仅产生蠕变变形而不产生破坏的最大应力称为蠕变极限。当应力值达到或超过蠕变极限时，岩石才可能由蠕变至产生破坏。通常把出现蠕变产生破坏的最低应力值称为长时强度，即当应力水平低于长时强度时，一般不导致岩石破裂，蠕变过程只包含前两个阶段；当应力水平高于长时强度时，则经过一段时间，最终必将导致岩石破裂，蠕变过程的三个阶段均存在。

在中硬以下岩石及软岩中开掘的地下工程和矿山巷道，大都需经过半个月至半年，或更长时间的变形才能达到相对的稳定状态，甚至处于无休止的变形状态，直至破裂失去稳定，而巷道开掘后，在复杂的外力作用下，其值可视为常数，故在相应条件下巷道变形的实质都可归结为蠕变现象。因此，研究蠕变现象对解决地下工程和巷道的设计和维护等问题，具有十分重要的意义。

二、岩石的强度性质

岩石在外力作用下所表现的力学性质中，除了变形性质以外，还有一个重要的性质就是岩石的强度性质，它主要是反映岩石抵抗外力破坏的能力。岩石在外力作用下，当达到或超过某一极限值时，便发生破坏。通常把岩石抵抗外力破坏的能力称为岩石的强度。由于岩石的强度不仅因岩石的种类不同而有差异，即使同一类岩石甚至同一层的岩石，由于其形成过程的外力作用、矿物的组成成分含量等的不同，其强度也是不同的。所以，一般根据所研究工程体的具体情况而进行实验室压力试验确定。

（一）岩石强度的种类

岩石在外力作用下发生破坏时，按外力的性质不同可将岩石的强度分为抗压强度、抗拉强度和抗剪强度三类。

1. 单轴抗压强度

单轴抗压强度是指岩石单向受压时，能够承受的最大压应力，即：

$$\sigma_c=\frac{P}{A} \tag{3-26}$$

式中：σ_c——岩石单轴抗压强度，Pa；

P——岩石受压破坏时的载荷，N；

A——岩石试件的横断面面积，m^2。

2. 岩石的抗拉强度

岩石单向受拉时，能承受的最大拉应力，称为岩石的抗拉强度。虽然在工程实践中，通常不允许拉应力出现，但拉断破坏仍是工程岩体及自然界岩体主要的破坏方式之一。而且岩石抵抗拉应力的能力最低，因此，抗拉强度是一个非常重要的岩石力学指标。测定岩石抗拉强度的方法有直接拉伸法和间接拉伸法两种。由于直接拉伸法的试件制备困难且实验技术复杂，目前多采用间接拉伸法，其中又以劈裂法和点载荷实验最常用。劈裂法是把圆柱体或立方体试件横置于专门的抗拉夹具内，然后以一定加载速率加压，直至试件破坏。

需要说明的是，岩石的抗拉强度测试方法由于制样困难和实验技术复杂，且存在不少问题需要进一步解决，因此，目前除有条件者外，一般利用它与抗压强度的比例关系间接确定。

3. 岩石的抗剪强度

岩石受到剪力作用时抵抗剪切破坏的最大剪应力，称为剪切强度。岩石的剪切强度与土一样，也是由内聚力（C）和内摩擦阻力（$\sigma_n \cdot \tan\varphi$）两部分组成的，只是它们都比土的相应部分大，这与岩石具有牢固的联结有关。按实验方法的不同，所测定的剪切强度的含义也不同，通常分为以下几种。

1）抗切强度

剪切面上不加法向载荷时岩石的抗剪强度，通常称为抗切强度。在这种情况下，剪切破坏面上岩石的内聚力就等于抗切强度，属于纯剪强度，即：

$$\tau=C \tag{3-27}$$

2）抗剪强度

剪切面上加法向载荷的剪切实验称为压剪实验，这种实验得出的强度指标，即在某一法向压应力作用下试件能抵抗的最大剪应力，称为抗剪强度。这种情况下岩石的抗剪强度是一个变量，它与试件破坏时作用在剪裂面上的正应力有关，即：

$$\tau=C+\sigma_n \cdot \tan\varphi \tag{3-28}$$

3）摩擦强度

摩擦强度是指岩石试件内已经有断裂面时，在某一法向压力作用下所能抵抗剪切破坏的能力。由于岩石试件已经剪断而失去黏结内聚力（$C=0$），这时得出的抗剪强度仅是由内摩擦阻力所造成的，故称为摩擦强度，又称为残余抗剪强度。此时其值为：

$$\tau=\sigma_n \cdot \tan\varphi \tag{3-29}$$

4）重剪强度

重剪强度是指岩石试件内部存在不完全断裂面时，在某一法向压力作用下抵抗剪切破坏的能力。这种情况与自然界岩石一般存在裂隙面相近似，所以更能较为实际地反应岩石的实际抗剪强度。此时其值为：

$$\tau=C_r+\sigma_n \cdot \tan\varphi \tag{3-30}$$

4. 多轴抗压强度

多轴抗压强度是指在其他方向压力固定不变的条件下，变化一个方向即轴向压力至岩石破坏时的最大值。岩石的多轴抗压强度主要通过实验测定，应用较广的是岩石的三轴抗压强度，它是指岩石试件在三轴压力作用下所能承受的最大轴向压应力。随着围压增大，岩石的抗压强度也不断增大。

（二）岩石强度的影响因素

岩石的抗压强度是反映岩石力学性质的主要指标之一。它在岩体工程分类、建筑材料选择及工程岩体稳定性评价计算中都是必不可少的指标。实验研究表明，岩石的抗压强度受一系列因素的影响和控制。这些因素包括两个方面：一方面是岩石本身的因素，如矿物组成、结构与构造及含水状态等；另一方面是实验条件，如试件形状、尺寸、高径比及受载状态、加载速率等。

1. 岩石本身的影响

1）岩石的矿物组成

岩石的矿物组成是影响其抗压强度的重要因素之一。一般来说，含强度高的矿物（如石英、长石、角门石、辉石及橄榄石等）较多时，岩石强度就高；相反，含软弱矿物（如云母、黏土矿物、滑石及绿泥石等）较多时，强度就低。石英岩、花岗岩、闪长岩等岩石的抗压强度一般为100～300MPa，最高可达350MPa，而页岩、黏土岩和千枚岩等岩石的抗压强度最高不超过100MPa。

2）岩石的结构与构造

岩石的结构与构造对强度的影响，主要表现在矿物颗粒间的联结、颗粒大小与形状、空隙性等，一般来说，具有结晶联结的岩石强度比非结晶联结的高；细粒结构的岩石强度比粗粒结构的岩石强度高，这是因为细结晶的岩石颗粒间接触面积大，联结力增强的缘故。由粒柱状矿物组成的岩石，其强度高且一般不属于各向异性；而片状、鳞片状矿物组成的岩石，不仅强度低，而且往往具有较强的各向异性。对于胶结联结的岩石，其强度主要取决于胶结物成分，硅质胶结的强度最高，铁钙质胶结的次之，泥质胶结的最低。岩石空隙性常反映它的密实程度，空隙度越大，强度越低。强度随着其密度减小而降低的现象，就是空隙性对岩石强度影响的具体表现。此外，如果空隙（指各种微结构面）是定向排列的，则岩石强度表现出明显的各向异性特征。

3）含水状态

含水状态对岩石的强度有显著的影响。一般随含水率增大岩石强度降低，但岩性不同，降低的程度也不同，这主要取决于岩石中亲水性和可溶性矿物的含量及空隙性等。亲水性和可溶性矿物含量越多，开空隙越发育，岩石强度降低越明显，如页岩、黏土岩饱水后强度可降低。含水状态对岩石强度的影响参见岩石物理性质中岩石的软化性。

2. 实验条件

实验条件对岩石强度也有一定的影响，其影响主要表现在以下几个方面。

1）岩石试件形状

一般来说，圆柱体试件的强度大于棱柱体试件，这是因为后者棱角部分应力集中的缘故。

2）试件的尺寸及高径比

一般来说，在其他条件相同的条件下，试件尺寸越大，其强度越低。但尺寸增大到一定程度后，强度大致保持不变。此外，试件的高径比对岩石的抗压强度也有很大的影响，当试件的高径比很小时，其应力分布趋于三向状态，因而试件具有很高的抗压强度。目前，标准试件采用的高径比为2∶1。

3）试件受载状态

岩石因受载状态不同，其抗压强度大小很悬殊。实验表明，岩石在不同应力状态下的强度值一般符合以下规律。

三向等压抗压强度＞三向不等压抗压强度＞双向抗压强度＞单向抗压强度＞抗剪强度＞抗弯强度＞单向抗拉强度。

4）试件的加载速率

试件的加载速率对岩石的强度有明显的影响，如对岩石进行单向抗压实验时，加载速率增加，将使岩石的抗压强度增大。某些冲击实验表明，高速加载时所得到的抗压强度会比慢速加载时大好几倍。

影响岩石抗拉强度与抗压强度的影响因素相同，但起主要作用的因素是岩石的结构，特别是岩石空隙性的影响尤其重要。

第三节　岩体的工程性质

通常把在地质历史过程中形成的，具有一定的岩石成分和一定结构，并赋存于一定地应力状态的地质环境中的地质体称为岩体。岩体在形成过程中，长期经受着建造和改造两大地质作用，生成了各种不同类型的结构面。可以把岩体看做是由结构面和受它包围的结构体共同组成的。

所谓结构面，是指在地质发展历史中，尤其是地质构造变形过程中形成的，具有一定方向、延展较大、厚度较小的二维面状地质界面，它包括岩石物质的分界面和不连续面，如岩体中存在的层面、节理、断层、软弱夹层等，可统称为结构面。结构面是岩体的重要组成单元，由于受结构面的切割，岩体的物理力学性质与岩石有很大的差别。岩体的物理力学性质取决于结构面和结构体两部分的组合情况，尤其在工程上，岩体的工程力学稳定性质主要取决于岩体内结构面的数量、空间大小、空间组合情况、结构面特征以及充填介质的性质等。

所谓结构体是指由结构面切割而成的岩石块体。结构体的四周都被结构面包围，常见的结构体大都是有棱角的多面体，如立方体、长方体、柱状体、板状体、菱形体、梯形体、楔形体、锥形体等。结构体也是岩体的重要组成部分，它本身的物质组成和排列组合方式也影响到岩体的力学性质。总之，岩体是由结构面和结构体两部分组成的，这也决定了其物理力学性质不是单纯取决于某一方面，而是二者共同作用和表现的结果，这在岩体力学分析和研究时是十分重要的。

一、岩体的结构特征

岩体结构指岩体中结构面与结构体的排列组合特征，它包括两个要素或结构单元：结构面和结构体。

（一）结构面特征

1. 结构面的成因类型

1）地质成因类型

（1）原生结构面。岩体在成岩过程中形成的（包括沉积结构面如层理面、软弱夹层、沉积间断面和不整合面；岩浆结构面；变质结构面）。

(2) 构造结构面。断层、节理、劈理和层间错动面等。

(3) 次生结构面。如卸荷、风化裂隙、次生夹泥和泥化夹层等。

2) 力学成因类型

(1) 剪性结构面。由剪应力引起，如逆断层、平移断层以及多数正断层。其连续性好，面较平直，延伸较长并有擦痕镜面等现象发育。

(2) 张性结构面。由拉应力引起，如羽毛状张裂面、纵张及横张破裂面、岩浆岩中的冷凝节理等。张性结构面具张开度大、连续性差、形态不规则、面粗糙，起伏度大及破碎带较宽等特征。其构造岩多为角砾岩，易被充填，含水丰富，导水性强。

2. 结构面分级

按结构面延伸长度、切割深度、破碎带宽度及其力学效应，可将结构面分为如下五级。

(1) Ⅰ级。延伸数千米至数十千米以上，破碎带宽为数米至数十米以上。如大断层、区域性断层。属于软弱结构面，构成独立的力学介质单元。影响区域稳定性、山体稳定性。

(2) Ⅱ级。延伸数百米至数千米，破碎带宽为数十厘米至数米。如较大的断层、层间错动、不整合面及原生软弱夹层等。属于软弱结构面，形成块裂边界。控制工程区的山体稳定性或岩体稳定性。

(3) Ⅲ级。延伸数十米至数百米，宽度为数厘米至1m。如各种类型的断层、区域性节理、层面及层间错动带等。多数属于坚硬结构面，少数属软弱结构面。影响或控制工程岩体，如地下洞室围岩及边坡岩体的稳定性。

(4) Ⅳ级。延伸数十厘米至30m，宽度为零至数厘米。如节理、层面、次生裂隙、小断层、片理、劈理、卸荷裂隙、风化裂隙等。属于坚硬结构面。影响岩体的完整性和力学性质，是岩体分类及岩体结构研究的基础。

(5) Ⅴ级。连续性差，刚性接触的细小或隐微裂面。如隐节理、微层面、微裂隙和线理等。属于硬性（坚硬）结构面。分布随机，降低岩块强度，是岩块力学性质效应基础。

3. 结构面特征及其对岩体性质的影响

主要就Ⅳ级结构面进行讨论。

(1) 产状（结构面与 σ_1 间的关系控制着岩体的破坏机理与强度）。当结构面与最大主平面的夹角 β 为锐角时，岩体滑动破坏；当 $\beta=0$ 时，横切结构面产生剪断岩体破坏；当 $\beta=90°$ 时，平行结构面的劈裂拉张破坏。

(2) 连续性。反映结构面的贯通程度。用线连续性系数（k_1）、迹长和面连续性系数（k_2）表示。

(3) 密度。反映结构面发育的密集程度，常用线密度（k_d）和间距（d）表示。线密度（k_d）指结构面法线方向单位测线长度上交切结构面的条数，单位为条/m。

(4) 张开度（e，mm）。指结构面两壁面间的垂直距离。

(5) 形态。可从侧壁的起伏形态及粗糙度两方面描述。起伏形态有平直的、波状的、锯齿状的、台阶状的和不规则状的。

(6) 充填胶结特征。Fe、Si 质胶结的强度最高，往往与岩石强度差别不大；泥质、易溶盐类胶结的结构面强度最低，且抗水性差。就充填物成分来说，以砂质、砾质等粗粒充填的结构面性质最好；以黏土质（如高岭石、绿泥石、水云母、蒙脱石等）和易溶盐类充填的结构面性质最差。

(7) 结构面的组合（特征）关系。控制着可能滑移岩体的几何边界条件、形态、规模、滑动方向及滑移破坏类型，它是工程岩体稳定性预测与评价的基础。

4. 软弱结构面

软弱结构面主要包括原生软弱夹层、构造及挤压破碎带、泥化夹层及其他夹泥层等。

（二）结构体特征

常用规模（取决于结构面的密度）、形态（柱状、板状、楔状和菱形等）和产状（长轴方向）来描述结构体特征。岩体的结构类型划分见《岩土工程勘察规范》(GB 50021—2001)附录A，将岩体结构划分为五类：整体状结构、块状结构、层状结构、碎裂状结构和散体状结构。

二、岩体的力学性质

岩体的力学性质包括岩体的变形性质、强度性质、动力学性质和水力学性质等方面。岩体在外力作用下的力学属性表现出非均质性、非连续性、各向异性和非弹性。岩体的力学性质取决于岩体的受力条件、地质特征及其赋存环境条件。其中地质特征包括岩石材料性质、结构面的发育情况及性质（影响岩体的力学性质不同于岩块的本质原因）；赋存环境条件包括天然应力和地下水。

（一）岩体的变形性质

岩体的力学性质是指岩体在外力作用下所表现的变形和破坏性质。通过前面的介绍可知，岩体是由结构面、结构体（岩块）及充填物三部分组成的，因此，岩体的力学性质是其组成部分的综合反映。

对于工程岩体来说，无论是局部还是整体变形，都限制了工程的使用。因此，变形控制是岩体工程设计的基本准则之一，为了保证岩体工程的安全和正常使用，必须研究岩体的变形性质。

岩体的变形是结构体（岩块）、结构面及其充填物三者变形的总和，在一般情况下，结构面及其充填物的变形起着控制作用，下面主要讨论结构面与岩体的变形性质。

（二）岩体的强度性质

岩体的强度所反映的是指岩体抵抗外力破坏的能力，受到岩块和结构面强度及其组合形式的影响。一般情况下，岩体的强度既不等于岩块的强度，也不等于结构面的强度，而是两者共同影响表现出来的强度。但在某些情况下，可以用岩块或结构面的强度来代替，如果岩体中结构面不发育，呈整体或完整结构，则其强度与岩块的强度相近或相等；如果岩体是沿某一结构面的整体滑动破坏，则岩体的强度完全取决于该结构面的强度，这是两种特殊情况；多数情况下，岩体的强度介于岩块和结构面强度之间。

1. 结构面的剪切强度

在工程上，岩体中结构面的强度主要是指它的抗剪强度，而结构面的抗剪强度又与结构面的形态、连续性、充填情况及充填物的物理力学性质有密切的关系，所以，在研究岩体结构面的剪切强度时要根据结构面的形态、连续性、充填情况及充填物的物理力学性质等实际情况进行具体分析。

2. 岩体的剪切强度

岩体的剪切强度指岩体内任一方向剪切面，在法向应力作用下所能抵抗的最大剪应力。包括摩擦强度、剪切强度和抗切强度三种。

3. 剪切强度特征

岩体的剪切强度主要受结构面、应力状态、岩块性质、风化程度及其含水状态等因素的影响。

(1) 高应力条件时，岩体的剪切强度较接近于岩块强度；低应力条件下，岩体的剪切强度主要受结构面发育特征及其组合关系的控制。

(2) 工程荷载一般小于 10MPa（低应力），故与工程活动有关的岩体破坏基本上受结构面的控制。

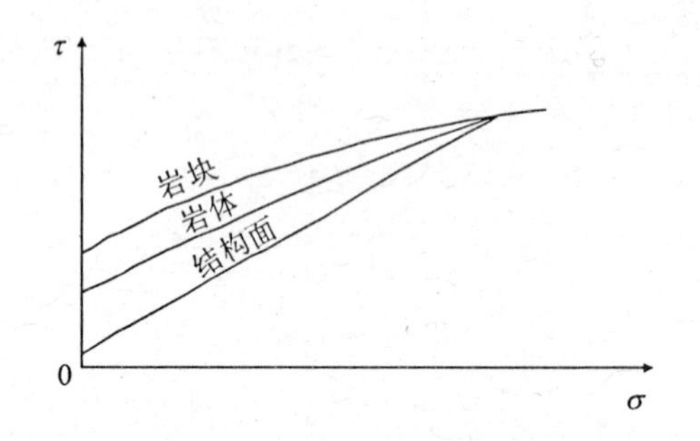

图 3-6　岩体剪切强度包络线

(3) 岩体的剪切强度不是单一值，而是具有上限和下限的值域，上限为岩体的剪断强度，下限是结构面的抗剪强度。其强度包络线也不是单一曲线，而是有一定上限和下限的曲线族，如图 3-6 所示。

第四节　岩体的工程分类

为了便于异地试验成果、施工经验及研究成果的交流，合理地进行岩体工程的设计、施工，保证工程的安全和稳定，需要进行岩体分类。从定性和定量两个方面来评价岩体的工程性质，根据工程类型及使用目的对岩体进行分类，这也是岩体力学中最基本的研究课题。

按分类目的，岩体分类可分为综合性分类和专题性分类两种；按分类所涉及的因素多少，可分为单因素分类法和多因素分类法两种。

以下分别介绍几种典型的单因素和多因素分类方法。

一、工程岩体的单因素分类

（一）按岩块的单轴抗压强度分类

按单轴抗压强度分类是最基本、最简单、应用最广泛的分类方法，而且常用的多因素综合分类中一般都将岩块的单轴抗压强度作为重要因素考虑，如迪尔和米勒（1966）强度分类法。我国《岩土工程勘察规范》(GB 50021—2001)参考迪尔方法，以新鲜岩块饱和单轴抗压强度为指标，将岩块也分为五类（表 3-4）。

表 3-4　岩块饱和单轴抗压强度分类

岩块饱和单轴抗压强度 δ_c (MPa)	>60	30～60	15～30	5～15	<5
坚硬程度（类别）	坚硬岩（Ⅰ）	较坚硬岩（Ⅱ）	较软岩（Ⅲ）	软岩（Ⅳ）	极软岩（Ⅴ）

（二）按岩体波速分类

岩体波速（弹性波在岩体中的传播速度）与岩体的均匀性和完整性密切相关。一般岩体越致密、完整，波速越大；岩体中结构面越多波速越小。因此，可按波速将岩体进行完整性分类。

岩体中传播的弹性波分为纵波（P）和横波（S），P 波为压缩波，S 波为剪切波，P 波速度较快，便于测试，因此岩体分类时一般用 P 波。

将同一岩性的岩体波速和岩块波速比值的平方定义为岩体完整性系数（K），又称裂隙系数。

$$K=\left(\frac{v_{pm}}{v_{pr}}\right)^2 \tag{3-31}$$

式中：v_{pm}——弹性波在岩体内的传播速度；

v_{pr}——弹性波在岩块内的传播速度。

在我国《岩土工程勘察规范》(GB 50021—1994)中，按岩体完整性系数 K，将岩体的完整程度分为五类（表 3-5）。

表 3-5　按岩体完整程度分类

岩体完整性系数（K）	>0.75	0.55～0.75	0.35～0.55	0.15～0.35	<0.15
完整程度	完整	较完整	较破碎	破碎	极破碎

（三）按岩石体质量指标（RQD）分类

1963 年美国学者迪尔提出了岩石质量指标（RQD）分类方法，后来又逐步完善，尤其是在取样工具及方法等方面更加明确。根据岩土工程勘察规范，RQD 指用直径为 75mm 的金刚石钻头和双层岩芯管在岩石中钻进，连续取芯，回次钻进所取岩芯中，长度大于 10cm 的岩芯段长度之和与该回次进尺的比值以百分数表示（图 3-7），即：

$$RQD=\frac{\Sigma h}{L}\times 100\% \tag{3-32}$$

式中：h——单节长度大于或等于 10mm 的岩芯长度，cm；

L——取芯钻孔总长度，cm。

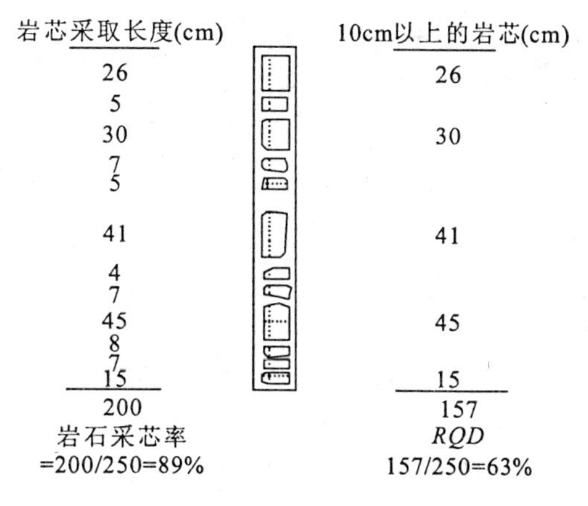

图 3-7　RQD 和岩芯采取率对比

RQD 是反映岩体完整性和岩石质量的有效指标，获取方便，概念简单明确，因此得到了广泛应用。通常按 RQD 可将岩体分为五类（表 3-6）。

二、工程岩体的多因素综合分类

实际上，工程岩体往往受到各种因素的影响，要想较准确、全面地评价工程岩体的质量，就应尽可能多地考虑这些因素进行综合分类。多因素综合分类法从影响工程岩体质量的多种参数中综合提取一种指标进行分类。

表 3-6　按 *RQD* 大小的工程岩体分类

类级	*RQD*（%）	工程分类
Ⅰ	90～100	极好
Ⅱ	75～90	好
Ⅲ	50～75	中等
Ⅳ	25～50	差
Ⅴ	0～25	极差

下面介绍几种典型的分类方法。

（一）岩体质量分级法

我国《工程岩体分级标准》(GB 50218—1994)提出了两步分级的方法。

第一步，按岩体基本质量指标 *BQ* 初步分级（单轴抗压强度、完整性系数）。岩体的坚硬程度和岩体完整程度决定了岩体的基本质量，是岩体的固有属性，是有别于工程因素的共性。基本质量好，则稳定性好，反之亦然。所以有必要进行基本质量分级。

第二步，考虑其他影响因素对 *BQ* 指标进行修正（天然应力、地下水、结构面方位等），并按修正后的 *BQ* 进行详细分级。

1. 岩体基本质量指标（*BQ*）计算与基本质量分级

（1）岩体基本质量指标（*BQ*）的计算。

以 103 个典型的岩体工程为抽样总体，采用多元逐步回归和判别分析的方法，建立了岩体基本质量指标表达式：

$$BQ=90+3\delta_{cw}+250K_v \tag{3-33}$$

式中：BQ——岩体基本质量指标；

δ_{cw}——岩石单轴饱和抗压强度，MPa；

K_v——岩体完整性系数。

当 $\delta_{cw}>90K_v+30$ 时，以 $\delta_{cw}=90K_v+30$ 代入式（3-33），求 BQ 值；

当 $K_v>0.04\delta_{cw}+0.4$ 时，以 $K_v=0.04\delta_{cw}+0.4$ 代入式（3-33），求 BQ 值。

（2）岩体基本质量分级。

按 *BQ* 值和岩体质量的定性特征将岩体划分为五级，如表 3-7 所示。

表 3-7　岩体基本质量指标分类

岩体质量级别	岩体基本质量指标（*BQ*）
Ⅰ	＞550
Ⅱ	550～451
Ⅲ	450～351
Ⅳ	350～251
Ⅴ	≤250

2. 岩体基本质量指标的修正

岩体基本质量指标确定时只考虑了两个重要因素（δ_{cw}、K_v）。工程岩体的稳定性，还与地应力、地下水、结构面有关，应结合工程特点，考虑各影响因素来修正质量指标，作为工程岩体分级的依据。

$$[BQ]=BQ-100(K_1+K_2+K_3) \tag{3-34}$$

式中：$[BQ]$——岩体基本质量指标修正值；

BQ——岩体基本质量指标；

K_1——地下水影响修正系数；

K_2——主要软弱结构面产状影响修正系数；

K_3——原岩应力影响修正系数。

根据修正后的 $[BQ]$，重新按表 3-10 确定岩体质量分级。

（二）岩体地质力学分类（CSIR 分类）

该方法由南非科学与工业委员会（CSIR）提出，主要考虑岩块强度、RQD、节理间距、节理状态、地下水五种指标（RMR 分类指标），其分类步骤如下。

（1）椐各指标数值的标准评分，并求和得总评分 RMR 值。

$$RMR=R_1+R_2+R_3+R_4+R_5 \tag{3-35}$$

（2）考虑到结构面产状与工程相对位置的关系，对总分中的节理方向评分作适当的修正。

（3）用修正的总分确定岩体级别。

该方法综合考虑了影响岩体稳定的主要因素，参数概念明确，取值方便，因此得到了较广泛的应用。主要适用于坚硬岩体的浅埋洞室，对于软弱岩体不适用。

（三）巴顿隧道岩体质量（Q）分类

巴顿等人总结了 200 多个隧道工程的岩体力学规律，经过统计分析后，1974 年提出了一个表示岩体质量好坏的 Q 值：

$$Q=\frac{RQD}{J_n}\times\frac{J_r}{J_a}\times\frac{J_w}{SRF} \tag{3-36}$$

式中：RQD——岩体质量指标，见前述；

J_n——岩体裂度（节理组数）影响系数；

J_a——结构面岩壁强度降低系数；

J_r——结构面粗糙度系数；

J_w——地下水的影响系数；

SRF——应力折减系数。

该分类方法反映了岩体质量的三个方面：岩体的完整性；结构面的形态、充填物特征及其次生变化程度；水及其他应力存在时对岩体质量的影响。该分类方法具有以下特点：考虑的地质因素较全面；定性定量相结合；软硬岩体均适用；对极其软弱的岩体推荐使用。

（四）我国不同行业的多因素综合性围岩分类

多因素综合性工程围岩分类研究工作在我国开展较早，发展较快。20 世纪 80 年代，国内地质、煤炭、铁路、水电、公路、军工等行业和部门，参考了国际先进的围岩分类方法，陆续提出了比较适合本部门特点的工程围岩分类方法。如煤炭系统围岩分类（由好到坏分为

Ⅰ～Ⅴ类)，公路、铁路隧道围岩分类，具体分类请参看本书第十章第二节。

复习思考题

1. 如何区别吸水率、含水率的概念。
2. 何为软化系数，岩体、岩石、结构面各有什么物理意义？
3. 岩石的塑性和流变性有什么不同？
4. 工程岩体如何进行分类？
5. 何为岩石质量指标（*RQD*)，如何根据其大小对工程岩体进行分类？
6. 什么是岩体的弹性模量？什么是岩体的变形模量？试用图加以说明。
7. 常用于岩块变形与强度性质的指标有哪些？各自的定义是什么？各自的测定方法是什么？影响各种力学指标的因素有哪些？三大类岩的各种指标是什么？

第四章　地下水基础

第一节　地下水概述

地下水分布很广，与人们的生活、生产和工程活动密切相关。一方面，它是饮用、灌溉和工业供水的重要水源之一；另一方面，地下水与岩土相互作用，使土体和岩体的强度和稳定性降低，产生各种不良地质现象，如滑坡、崩塌、岩溶、流沙、潜蚀、地基沉陷、道路冻胀以及基坑或隧道涌水等，给工程建设和正常使用造成危害。在工程设计与施工中，均必须研究地下水的问题，研究地下水的埋藏条件、类型及其活动规律性，以便采取相应措施，保证结构物的稳定和正常使用。此外，地下水还会对工程建筑材料如混凝土、钢筋等产生腐蚀作用，使结构物遭受破坏。通常把与地下水有关的问题称为水文地质问题，把与地下水有关的地质条件称为水文地质条件。

一、地下水物理性质

地下水的物理性质包括温度、颜色、透明度、气味、味道和导电性等。

（一）温度

地下水的温度变化范围很大。地下水温度的差异，主要受各地区的地温条件所控制。通常随埋藏深度不同而异，埋藏越深，水温越高。

（二）颜色

地下水一般是无色、透明的，但当水中含有某些有色离子或含有较多的悬浮物质时，便会带有各种颜色和显得混浊。如含有高价铁离子的水为黄褐色，含 H_2S 的水呈翠绿色，含腐殖质的水为浅黄色。

（三）透明度

地下水多为透明的，当水中含有矿物质、机械混合物、有机质及胶体时，地下水就会变为半透明或不透明。

（四）气味

地下水一般是无嗅、无味的，但当水中含有 H_2S 气体时，水便有臭鸡蛋味；含有机质较重时，常有鱼腥味等。

（五）味道

地下水的味道主要取决于水中的化学成分，含 NaCl 的水有咸味；含 $MgCl_2$ 和 $MgSO_4$ 的水有苦味；含 $Mg(OH)_2$ 和 $Mg(HCO_3)_2$ 的水有甜味，俗称甜水；含 $CaCO_3$ 的水清凉爽口。

（六）导电性

地下水的导电性取决于所含电解质的数量与性质（即各种离子的含量与离子价），离子含量越多，离子价越高，则水的导电性越强。

二、地下水化学成分

地下水中含有多种元素，有的含量大，有的含量甚微。所有这些元素是以离子、化合物分子和气体状态存在于地下水中，但以离子状态为主。

地下水中常见的阳离子有 H^+、Na^+、K^+、Mg^{2+}、Ca^{2+}、Fe^{2+}、Fe^{3+}、Mn^{2+} 等；常见的阴离子有 OH^-、Cl^-、SO_4^{2-}、NO_3^-、HCO_3^-、CO_3^{2-}、SiO_3^{2-} 等。上述离子中的 Cl^-、SO_4^{2-}、HCO_3^-、Na^+、K^+、Mg^{2+}、Ca^{2+} 七种是地下水的主要离子成分。

地下水中含有多种气体成分，常见的有 O_2、N_2、CO_2、H_2S。

地下水中呈分子状态的化合物（胶体）有 Fe_2O_3、Al_2O_3 和 H_2SiO_3 等。

（一）氢离子浓度

氢离子浓度是指水的酸碱度，用 pH 值表示。$pH=-\lg[H^+]$。根据 pH 值可将水分为五类，见表 4-1。

表 4-1　水按 pH 值的分类

水的分类	强酸性水	弱酸性水	中性水	弱碱性水	强碱性水
pH 值	<5	5～7	7	7～9	>9

氢离子浓度为一般酸性侵蚀指标。自然界大多数地下水的 pH 值在 6.5～8.5 之间。酸性侵蚀是指酸可分解水泥混凝土中的 $CaCO_3$ 成分。

（二）矿化度

水中离子、分子和各种化合物的总量称为总矿化度，以 g/L 表示。它表示水的矿化程度。通常以在 105°～110°温度下将水蒸干后所得干涸残余物的含量来确定。根据矿化程度可将水分为五类，见表 4-2。

表 4-2　水按矿化度的分类

水的类别	淡水	微咸水（低矿化水）	咸水（中等矿化水）	盐水（高矿化水）	卤水
矿化度（$g \cdot L^{-1}$）	<1	1～3	3～10	10～50	>50

矿化度与水化学成分之间有密切关系。淡水和微咸水常以 HCO_3^- 为主要成分，称重碳酸盐水；咸水常以 SO_4^{2-} 为主要成分，称硫酸盐水；盐水和卤水则往往以 Cl^- 为主要成分，称氯化物水。

（三）硬度

水中 Ca^{2+}、Mg^{2+} 的总含量称为总硬度。将水煮沸后，水中一部分 Ca^{2+}、Mg^{2+} 的重碳

酸盐因失去 CO_2 而生成碳酸盐沉淀下来，致使水中 Ca^{2+}、Mg^{2+} 的含量减少，由于煮沸而减少的这部分 Ca^{2+}、Mg^{2+} 的总含量称为暂时硬度。其反应式为：

$$Ca^{2+}+2HCO_3^- \longrightarrow CaCO_3\downarrow+H_2O+CO_2\uparrow$$

$$Mg^{2+}+2HCO_3^- \longrightarrow MgCO_3\downarrow+H_2O+CO_2\uparrow$$

总硬度与暂时硬度之差称为永久硬度，相当于煮沸时未发生碳酸盐沉淀的那部分 Ca^{2+}、Mg^{2+} 的含量。

我国采用的硬度有两种表示法：一种是德国度，每一度相当于 1L 水中含有 10mg 的 CaO 或 7.2mg 的 MgO；另一种是每升水中 Ca^{2+} 和 Mg^{2+} 的毫摩尔数。1 毫摩尔硬度＝2.8 德国度。根据硬度可将地下水分为五类，见表 4－3。

表 4－3　水按硬度的分类

水的类别		极软水	软水	微硬水	硬水	极硬水
硬度	Ca^{2+} 和 Mg^{2+} 的毫摩尔数/L	＜1.5	1.5～3.0	3.0～6.0	6.0～9.0	＞9.0
	德国度	＜4.2	4.2～4.8	8.4～16.8	16.8～25.2	＞25.2

（四）气体

地下水中的主要气体成分有 O_2、N_2、CO_2、H_2S。一般情况下，每升地下水中气体含量只有几毫克到几十毫克。地下水的氧气和氮气主要来自于大气层，它们随同大气降水及地表水补给地下水。地下水中溶解氧含量越高，越有利于氧化作用。

地下水处在与大气较为隔绝的环境中，当存在有机质时，由于微生物的作用，SO_4^{2-} 将被还原成 H_2S。因此，H_2S 一般出现于封闭地质构造的地下水中，如油田水中。

植物根系的呼吸作用及有机质残骸的发酵作用，会在包气带水中产生 CO_2，这种由有机物的氧化产生的 CO_2，随同水一起入渗补给地下水。因此，浅部地下水主要含有这种成因的 CO_2，含碳酸盐类的岩石，在深部高温的影响下，会分解成 CO_2，即：

$$CaCO_3 \xrightarrow{\text{高温}} CaO+CO_2\uparrow$$

由于近代工业的发展，大气中人为产生的 CO_2 显著增加，尤其在某些集中的工业区，补给地下水的降水中的 CO_2 含量往往很高。

地下水中 CO_2 的含量越高，其溶解碳酸盐类的能力也越强。

第二节　地下水分类及其特征

一、地下水分类

地下水受诸多因素的影响，各类因素的组合更是错综复杂，因此，出于不同的目的或角度，人们提出了各种各样的分类。概括起来主要有两种：一种是根据含水层的空隙性质进行分类；另一种是根据地下水的若干特征综合考虑进行分类，如按地下水埋藏条件分类。地下水按含水层性质可分为孔隙水、裂隙水、岩溶水（或喀斯特水）（表 4－4）。地下水按埋藏条件可分为包气带水（包括土壤水和上层滞水）、潜水、承压水（图 4－1）。

表 4-4 地下水分类

按埋藏条件	按含水层性质		
	空隙水	裂隙水	岩溶水
包气带水	土壤水及季节性的局部隔水层以上的重力水	裂隙岩层中局部隔水层上部季节性存在的水	可溶岩层中季节性存在的悬挂水
潜水	各种成因类型的松散沉积物中的水	裸露于地表的裂隙岩层中的水	裸露的可溶岩层的水
承压水	由松散沉积物构成的山间盆地，山前平原及平原中的深层水	构造盆地、向斜或单斜构造中层状裂隙岩层中的水，构造破碎带中的水、独立裂隙系统中的脉状水	构造盆地、向斜或单斜构造的可溶性岩层中的水

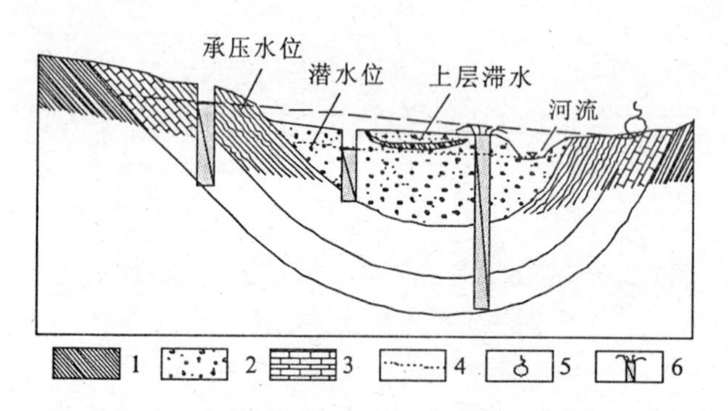

图 4-1 潜水、承压水及上层滞水示意图

1. 隔水层；2. 透水层；3. 透水层 2；4. 地下水位；5. 上升泉；6. 水井

二、不同埋藏条件地下水特征

（一）包气带水

土（或岩石）空隙充满水的地带称为饱和带，这个带的地下水称为饱和带水（包括潜水和承压水）；在饱和带以上未被水充满的地带称为包气带或未饱和带，包气带中的地下水称为包气带水，包气带水包括土壤水和上层滞水。

1. 土壤水

土壤水主要以结合水和毛细管水形式存在，靠大气降水的渗入、水汽的凝结及潜水由下而上的毛细作用补给。土壤水主要消耗于蒸发过程，水分变化相当剧烈，并受大气条件的制约。当土壤层透水性很差，气候又潮湿多雨或地下水位接近地表时，易形成沼泽，称沼泽水。当地下水面埋藏较浅，毛细水可达到地表时，由于土壤水分强烈蒸发，盐分不断积累于土壤表层，会造成土壤盐渍化。

2. 上层滞水

上层滞水是存在于包气带中局部隔水层之上的重力水。上层滞水的特点是：分布范围有限，补给区与分布区一致；直接接受当地的大气降水或地表水补给，以蒸发或逐渐向下渗透的形式排泄；水量不大且随季节变化显著，雨季出现，旱季消失，极不稳定；水质变化大，一般较易被污染。

在建筑工程中，经常遇到上层滞水。这种水可能突然涌入基坑，妨碍施工，但由于其水量不大，通常可用水泵直接排除，或避开雨季施工，因此易于处理。

（二）潜水

1. 潜水的概念

自地表向下第一个连续稳定隔水层之上的含水层中，具有自由水面的重力水称为潜水（图 4-2）。潜水一般是存在于第四纪松散沉积物的空隙中（空隙潜水）及出露地表的基岩裂隙和溶洞中（裂隙潜水和岩溶潜水）。

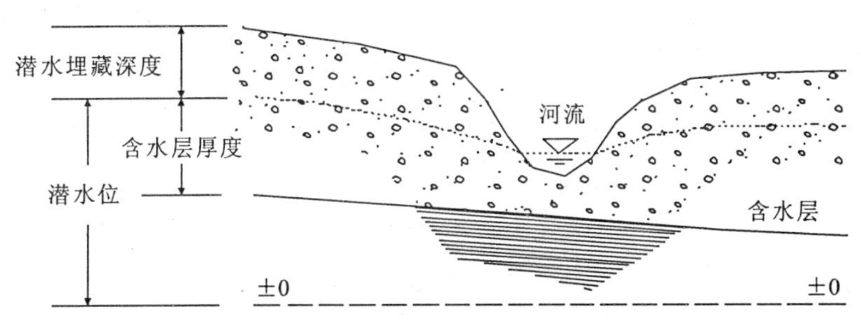

图 4-2　潜水埋藏示意图

潜水的自由水面称潜水面；潜水面的标高称为潜水位；潜水面至地面的垂直距离称为潜水埋藏深度；由潜水面往下到隔水层顶板之间充满重力水的部分称为含水层厚度(图 4-2),它随潜水面的变化而变化。

2. 潜水的特点

潜水的埋藏条件，决定了潜水具有以下特点。

(1) 潜水分布区与补给区一般情况下一致。潜水通过包气带与地表相通，所以大气降水和地表水可直接渗入补给潜水，成为潜水的主要补给来源。但二者也可能不一致，如在山区的裂隙潜水、岩溶潜水则不一致。

(2) 潜水具有自由表面。在重力作用下，自水位较高处向水位较低处渗流。潜水面的形状是潜水的重要特征之一，它一方面反映外界因素对潜水的影响，另一方面也反映潜水的特点，如流向、水力坡度等。一般情况下，潜水面不是水平的，而是向排泄区倾斜的曲面，起伏大体与地形一致，但较地形平缓。

潜水面的形状和坡度还受含水层岩性、厚度、隔水底板起伏的影响。当含水层的岩性和厚度沿水流方向发生变化时，潜水的形状和坡度也相应发生变化。潜水流中途受阻，此地段上水流厚度变薄，潜水面可接近地表，甚至溢出地面成泉。

(3) 埋藏深度和含水层厚度变化较大。二者受地形、气候和地质条件影响大。在强烈切割的山区，埋藏深度可达几十米甚至更深，含水厚度差异也大；而在平原地区，埋藏深度较浅，通常为数米至十余米，有时可为零，含水层厚度差异也小；就是同一地区，也随季节不同而有显著变化，在雨季，潜水面上升，埋藏深度变小，含水层厚度随之加大，旱季则相反。

(4) 潜水主要以垂直和水平两种方式排泄。在埋藏浅和气候干燥的条件下，潜水通过上覆岩层不断蒸发而排泄时，称为垂直排泄。垂直排泄是平原地区和干旱地区潜水排泄的主要方式。潜水以地下径流的方式补给相邻地区含水层，或出露于地表直接补给地表水，称为水平排泄。水平排泄方式在地势比较陡峻的河流中、上游地区最为普遍。由于水平排泄可以使溶解于水中的盐分随水一同带走，不容易引起地下水矿化度的显著变化，所以山区潜水的矿化度一般较低。而垂直排泄时，因只有水分蒸发，水中盐分不排泄，结果导致水量消耗，矿化度升高。因此，在干旱和半干旱的平原地区，潜水矿化度一般较高。若潜水的矿化度高，而埋藏又很浅时，则往往促使土壤盐渍化的发生。

3. *潜水面的表示方法*

潜水面形状一般有两种表示方法，现分述如下。

1）剖面法

按一定比例尺绘制水文地质剖面（图 4－3）。在该图上不仅要表明含水层、隔水层的岩性及厚度变化、层位关系、构造特征等地质情况，还应将各水文地质点（钻孔、井、泉、地表水体等）标于图上，并标出上述各点同一时期的水位，绘出潜水面的形状。

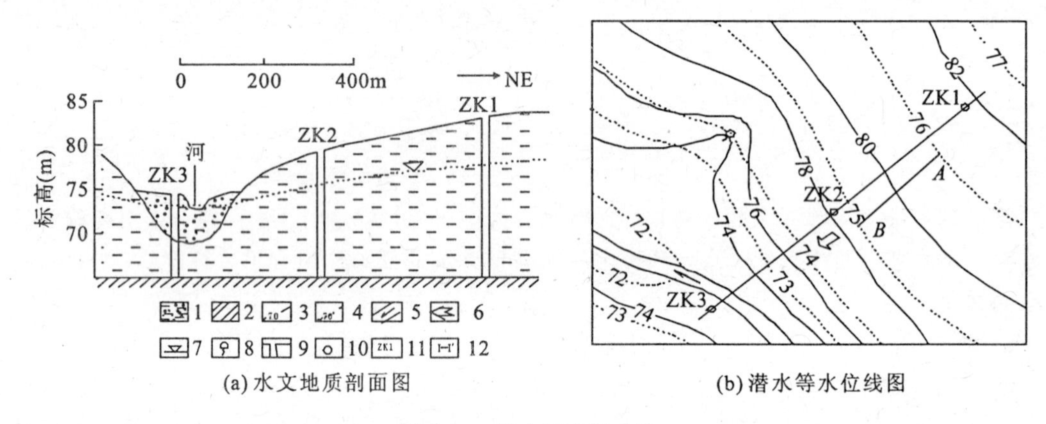

(a) 水文地质剖面图　　(b) 潜水等水位线图

图 4－3　潜水面表示方法

1. 砂土；2. 黏性土；3. 地形等高线；4. 潜水等水位线；5. 河流及流向；6. 潜水流向；7. 潜水面；8. 下降泉；9. 钻孔（剖面图）；10. 钻孔（平面图）；11. 钻孔编号；12. Ⅰ－Ⅰ′剖面线

2）等水位线法

该法是以平面图的方式绘制等水位线，等水位线即潜水面的等高线［图 4－3（b）］，表示潜水面上标高相等各点的连线。它是以一定比例尺的地形等高线图作底图，按一定的水位间隔将某一时间潜水位相同的各点连成不同高程的等水位线而构成。由于潜水等水位线图能够表明潜水的埋藏深度、流向及含水层厚度等，所以在工程上有很大的实用价值，是评价工程所在地区水文地质条件的重要图件。利用潜水等水位线图主要可以解决下列问题。

（1）确定潜水流向。潜水自水位高的地方向水位低的地方流动，形成潜水流。在等水位线图上，垂直于等水位的方向，即为潜水的流向，如图 4－3（b）箭头所示的方向。

（2）计算潜水的水力坡度。在潜水流向上取两点的水位差除以两点间的距离，即为该段的水力坡度。

（3）确定潜水与地表水之间的关系。如果潜水流向指向河流，则潜水补给河水［图 4－4（a）］；如果潜水流向背向河流，则潜水接受河水补给［图 4－4（b）］；也可一侧补给河水，另一侧接受河水补给［图 4－4（c）］。

（4）确定潜水的埋藏深度。等水位线图应绘于附有地形等高线的图上。某一点的地形标高与潜水位之差即为该点潜水的埋藏深度，如图 4－3（b）。

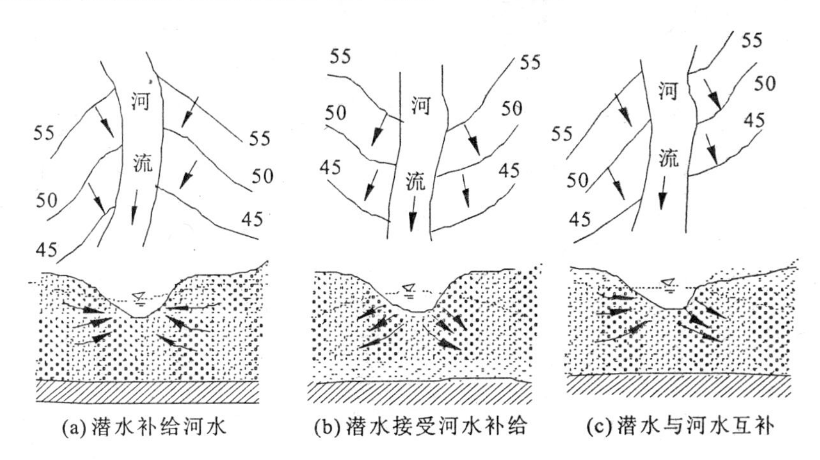

图 4－4　潜水与地表水之间的关系

（三）承压水

1. 承压水概念

充满于两个隔水层间的并承受水压力的地下水称为承压水。其上部不透水层的底界面和下部不透水层的顶界面，分别称为隔水顶板和隔水底板。当地下水充满承压含水层时，地下水在高水头补给的情况下，具有明显的承压特性，如果钻孔穿过承压含水层的上覆隔水层，水便会沿钻孔显著上升，甚至喷出地表。所以承压水又称自流水，出露泉点多表现为上升泉。

2. 承压水的形成条件

承压水的形成主要决定于地层结构与地质构造。其中地质构造主要是向斜构造和单斜构造。

1）向斜构造

向斜构造是承压水形成和埋藏的最有利的地方。埋藏有承压水的向斜构造又称承压盆地或自流盆地。一个完整的自流盆地一般可分为三个区，即补给区、承压区和排泄区（图 4－5）。

（1）补给区出露于自流盆地边缘，主要接受大气降水和地表水的补给。在补给区，由于含水层之上无隔水层覆盖，故地下水具有与潜水相似的性质。承压水压力水头的大小，在很大程度上决定于补给区出露地表的标高。

（2）承压区位于自流盆地中部，是自流盆地的主体，分布面积较大。在承压区地下水承受水头压力，当钻孔打穿隔水顶板时，地下水即沿钻孔上升至一定高度，这个高度称为承压水位。承压水位至顶板隔水层底面的距离即为该处的压力水头。承压区压力水头的大小各处不一，取决于隔水顶板（底面）与承压水位间的高差。当承压水头高出地面高程时，水便沿钻孔涌出地表，这种压力水头称正水头；如果地面高程高于承压水位，则地下水位只能上升到地面以下的一定高度，这种压力水头称负水头（图 4－5）。地面标高与承压水位的差值称地下水位埋深。承压水位高于地表的地区称为自流区，在此区，凡钻到承压含水层的钻孔都形成自流井，承压水沿钻孔上升喷出地表。将各承压水位连成的面称承压水面。

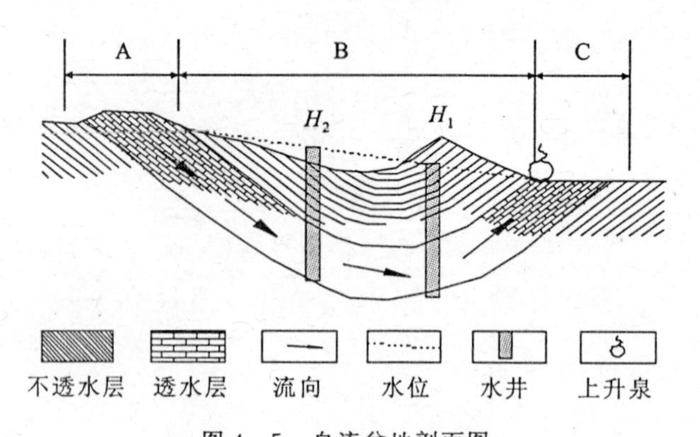

图 4-5　自流盆地剖面图

A. 补给区；B. 承压区；C. 排泄区；H_1. 负水头；H_2. 正水头

3）排泄区与承压区相连。承压水在此处或补给潜水含水层或向流经其上的河流排泄，有时则直接出露地表形成泉水流走。

2）单斜构造

埋藏有承压水的单斜构造称为承压斜地或自流斜地。形成自流斜地的构造条件，通常是含水层下部被断层截断，或含水层下部在某一深度尖灭（图 4-6）。

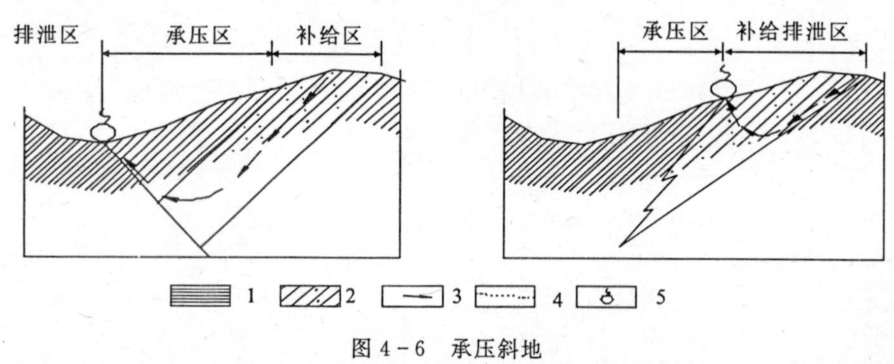

图 4-6　承压斜地

1. 隔水层；2. 透水层；3. 流向；4. 水位；5. 上升泉

3. *承压水的补给和排泄*

承压水上部由于受隔水层的覆盖，大气降水和地表水不能直接补给整个含水层，只有在含水层直接出露的补给区，方能接受大气降水或地表水的补给，所以承压水的分布区和补给区是不一致的，一般补给区远小于分布区。另一方面，由于受隔水层的覆盖，承压水受气候及其他水文因素的影响也较小，故其水量变化不大，且不易蒸发。因此，地下水动态比较稳定。此外，由于承压水具有水头压力，所以它不仅可以由补给区流向自流盆地或自流斜地的低处，而且可以由低处向上流至排泄区，并以上升泉的形式出露于地表，或者通过补给该区的潜水和地表水而得到排泄。

4. *承压水的特点*

承压水具有如下特征。

（1）不具自由水面，承受一定的静水压力。承压水承受的压力来自补给区的静水压力和上覆地层压力。由于上覆地层压力是恒定的，故承压水压力的变化与补给区水位变化有关。

当接受补给水位上升时，静水压力增大。水对上覆地层的浮托力随之增大，从而承压水头增大；反之，补给区水位下降，承压水位随之降低。

（2）分布区与补给区不一致。常常是补给区远小于分布区，一般只通过补给区接受补给。

（3）动态比较稳定，受气候影响小。

（4）不易受地面污染。

5. *承压水面表示方法*

承压水面在平面图上用承压水等水压线图表示。所谓等水压线图就是承压水面上高程相等点的连线图［图 4－7（a）］。如上所述，承压水头指从上覆隔水顶板的底面到承压水位的垂直距离。把承压区各个钻孔测得的承压水头绝对标高相等的点连接起来，即可得到承压水的等水压线图。

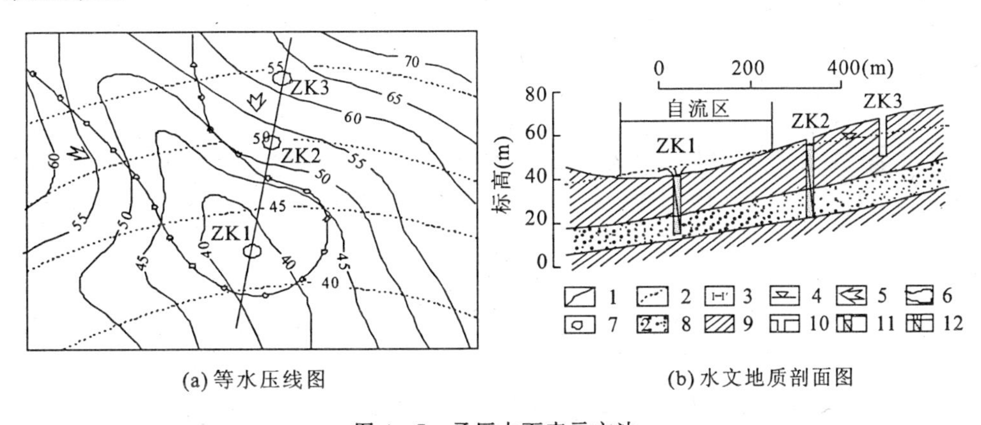

(a) 等水压线图　　(b) 水文地质剖面图

图 4－7　承压水面表示方法

1. 地形等高线；2. 等压水位线；3. 剖面线及编号；4. 承压水位线；5. 承压水流向；6. 自流区；7. 井；8. 含水层；9. 隔水层；10. 干井；11. 非自流井；12. 自流井

等水压线图上必须附有地形等高线和顶板等高线。后者表明钻孔钻到什么深度能见到承压水（初见水位）。当深挖基坑或开凿隧道时，如果穿透了承压水含水层的上覆隔水层，水就会大量涌出，给工程施工或营运造成困难和危害。

根据等水压线图可以确定承压含水层的下列重要指标。

（1）承压水位距地表的深度。

（2）承压水头的大小。

（3）承压水的流向等。

三、不同含水介质地下水特征

（一）孔隙水

孔隙水主要储存于松散沉积物孔隙中，由于颗粒间孔隙分布均匀、相互连通，因此其基本特征是分布均匀连续，多呈层状，并具有统一的水力联系。下面就两种典型的孔隙类水进行说明。

1. *冲积层中的地下水特征*

冲积物（层）是经常性流水形成的沉积物，其分选性好，层理清晰。河流上、中、下游或河漫滩、阶地的岩性结构、厚度各不相同，这就决定了其中孔隙水的特征和差异。

(1) 河流中、上游冲积层中的地下水。河流上游峡谷内冲积砂砾、卵石层分布范围狭窄，但透水性强、富水性好、水质优良，是良好的含水层；河流中游河谷两侧的低阶地，尤其是一级阶地与河漫滩，是富水区。

(2) 河流下游平原冲积层地下水。冲积平原上，常埋藏有由颗粒较粗的冲积砂组成的古河道，其中储存有水量丰富、水质良好且易于开采的浅层淡水。

2. 洪积层中的地下水

洪积层广泛分布于山间盆地和山前平原地带，常呈扇状地形，故又称洪积扇。

根据地下水埋深、径流条件和化学特征，可将洪积扇中的地下水大致分为三个带(图 4-8)。

(1) 深埋带。又称径流带，在顶部靠近山顶，地形坡度较陡，为粗砂砾石堆积，有良好渗透性和径流条件，水的矿化度低（小于 1g/L），多为重碳酸盐型水，又被称为地下水盐分溶滤带。

(2) 溢出带。由于地形变缓，细砂、黏土等交错沉积，渗透性变弱，径流受阻，水向上涌，出露成泉。水的矿化度增高，为重碳酸-硫酸盐型水，故又称盐分过路带。

(3) 下沉带。由黏土和粉砂组成，渗透性极弱、径流很缓慢，蒸发强烈，以垂直交替为主，由于河流排泄作用，地下水埋深比溢出带稍有加强，又称潜水下沉带，因地下水埋深浅，在干旱、半干旱条件下，蒸发强烈，水的矿化度急剧增加（大于 3g/L），为硫酸-氯化物或氯化物型水，地表盐渍化，又称盐分堆积带。

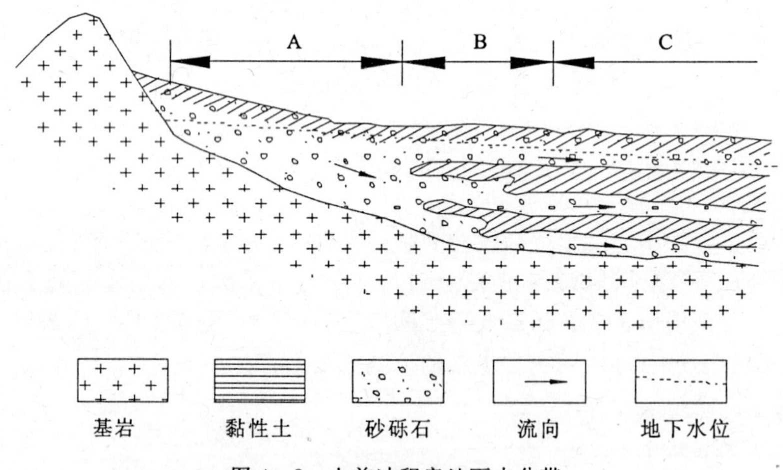

图 4-8　山前冲积扇地下水分带

A. 只有潜水位区；B. 潜水位与承压水位重合区；C. 承压水位高于潜水位区

上述洪积层中的地下水分带规律在我国北方具有典型性。而南方多雨，缺少水质的明显分带性，地下水多为低矿化度的重碳酸盐型水。

（二）裂隙水

埋藏于基岩裂隙中的地下水称为裂隙水。岩石裂隙的发育情况决定地下水的分布情况，在裂隙发育的地方，含水丰富；裂隙不发育的地方，含水甚少。所以，在同一构造单元或同一地段内，含水性和富水性有很大变化，很不均一。

岩层中的裂隙常具有一定的方向性。即在某些方向上，裂隙的张开程度和连通性比较好，因而其导水性强，水力联系好，常成为地下水的主要径流通道；在另一些方向，裂隙闭合或连通性差，其导水性和水力联系也差，径流不通畅。

1. 裂隙水的埋藏类型

裂隙水是山区广泛分布的地下水类型，根据埋藏情况，可划分为面状裂隙水、层间裂隙水和脉状裂隙水三种。

1）面状裂隙水

面状裂隙水埋藏在各种基岩表层的风化裂隙中，又称风化裂隙水。其上部一般没有连续分布的隔水层，因此，它具有潜水的基本特征（图 4-9）。但是，在某些古风化壳上覆盖有大面积的不透水层（如黏土）时，也可形成承压水。

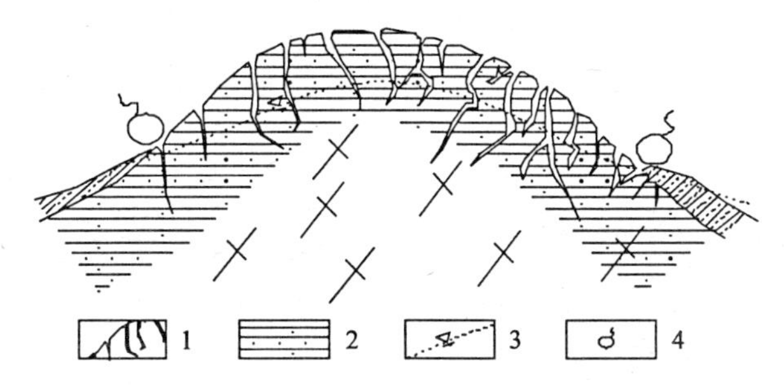

图 4-9 风化裂隙中的潜水示意图

1. 风化裂隙；2. 砂岩；3. 地下水位；4. 坡积层

风化裂隙含水和透水的强弱，随岩石的风化程度、岩性等因素的不同而各异。例如，以砂岩为主的地段比以泥岩为主的地段，水量多一倍至几倍；而同一种岩石分布地区的分水岭地带比河谷附近的水量少得多。一般认为，微风化带的性质近似于不透水层，故常视其为面状裂隙水的下界。

2）层间裂隙水

埋藏在层状岩石的成岩裂隙和区域构造裂隙中的地下水称为层间裂隙水。其分布一般与岩层的分布一致，因而常有一定的成层性，如砂岩含水层。在岩层出露的浅部，它可以形成潜水，当层间裂隙水被不透水层覆盖时，则形成承压水。

层间裂隙水在不同的部位和不同的方向上，因裂隙的密度、张开程度和连通性有差异，其透水性和涌水量有较大的差别，具有不均一的特点。

层间裂隙水的水质，主要受含水层埋藏深度控制。浅部含水层，地下水处于积极交替带中，水质为 HCO_3^- 型；向下交替减弱，逐渐过渡为 SO_4^{2-} 型；到深部为 Cl^- 型。总矿化度随深度的增加而增高。

3）脉状裂隙水

脉状裂隙水埋藏于构造裂隙中，其主要特征如下。

（1）沿断裂带呈脉状分布，长度和深度远比宽度大，具有一定的方向性。

（2）可切穿不同时代、不同岩性的地层，并可通过不同的构造部位，因而导致含水带内地下水分布的不均匀性。

（3）地下水的补给源较远，循环深度较大，水量、水位较稳定，有些地段具有承压性

(图 4－10)。

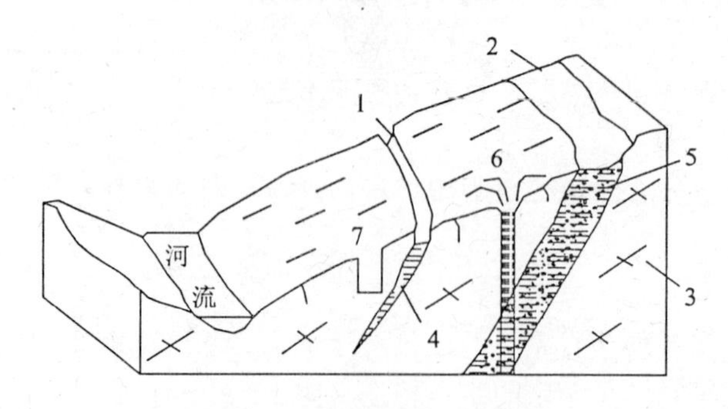

图 4－10　脉状承压水示意图

1. 张裂隙；2. 断层；3. 剪切裂隙；4. 断裂破碎带；5. 脉状承压水；6. 喷水孔；7. 干井

脉状裂隙水一般水量比较丰富，常常是良好的供水水源，但对隧道工程往往造成危害，如产生突然涌水事故等。

2. 裂隙水的富集条件

裂隙水的富集，必须具备三个条件：①有较多的储水空间，即要求裂隙发育；②有充足的补给水源，在裸露区或与地表水直接接触地带通常补给较好；③有良好的汇水条件，地形较陡或地势较高，不利于地下水汇积。

(三) 岩溶水

储存和运动于可溶性岩石的溶蚀洞隙中的地下水称为岩溶水。按埋藏条件，岩溶水可以是潜水，也可以是承压水。

(1) 岩溶潜水。在大面积出露的厚层石灰岩地区广泛分布着岩溶潜水。岩溶潜水的动态变化很大、水位变化幅度可达数十米，水量变化可达几百吨。这主要是受补给和径流条件影响，雨季水量很大，旱季水量很小，甚至干枯。

(2) 岩溶承压水。岩溶地层被覆盖或岩溶地层与泥、页岩互层时，在一定构造条件下，就能形成岩溶承压水。岩溶承压水的补给主要取决于承压含水层的出露情况。岩溶水的排泄多数靠导水断层，经常形成泉或泉群，也可补给其他地下水，岩溶承压水动态较稳定。

岩溶水的分布主要受岩溶作用规律的控制。空间分布变化很大，甚至比裂隙水更不均匀。在较厚层的石灰岩地区，岩溶水的分布及富水性和岩溶地貌有很大关系。在分水岭地区，常发育着一些岩溶漏斗、落水洞等，构成了峰林地貌，它常是岩溶水的补给区。在岩溶水汇集地带，常形成地下暗河，并有泉群、地下河出现。

岩溶水的动态与大气降水关系十分密切。大气降水是岩溶水的主要补给来源，它通过各种岩溶通道迅速地补给地下水。其主要特点，一是水位水量变化幅度大，水位变化幅度可达80m，流量变化更大；二是有些岩溶水对大气降水的反映极为灵敏，但是并非所有的岩溶水动态都不稳定。

由于流动条件的差异，岩溶水运动性质也截然不同。在大的孔洞中，岩溶水常呈无压水流；而在断面小的裂隙处，则呈有压水流，即在同一含水层中有压水流和无压水流可以并存。同时，在大断面的孔洞地段，地下水流速快，而出现紊流状态；在裂隙中渗流的水，由于阻力大、流速小而处于层流状态。此外，岩溶地区既存在一些与周围联系极差的孤立水流，也存在具有统一地下水面的岩溶水流。前者常出现在岩溶山地，后者主要出现在岩溶发育的河谷地带和岩溶平原。在一定条件下，两者也可同处于一个含水层。

岩溶水排泄的最大特征是集中和排泄量大。岩溶水在排泄时，常常形成一些特殊的泉，如反复泉和多潮泉。反复泉只有下雨时才有泉水流出，而平时或干旱时则起消水作用（地表水流入地下）。多潮泉是泉的涌水量呈潮汐变化，有时水量大，有时几乎干涸，呈周期性的变化。

第三节　地下水运动及涌水量计算

地下水在岩土空隙中的水流通道曲折多变且缓慢，为计算简便，可以假想其充满岩土颗粒骨架的全部体积。通常把这种假想水流称为渗透水流，简称为渗流。按其形态可分为层流和紊流两种运动形式。层流运动是指水质点呈相互平行的流线运动；紊流的水质点运动则是杂乱无章的；具有紊流和层流共同特点的水流称混合流。

根据地下水的运动要素（如水位、流速、流向）随时间变化与否，又可将其分为稳定流和非稳定流两类运动形式。稳定流各运动要素不随时间改变；非稳定流运动要素随时间变化。此外，如果地下水的流速大小和方向沿着流程保持不变，这样的流动称为均匀流；反之，则为非均匀流。

一、线性渗透定律——达西定律

1856 年，法国水力学家达西通过大量试验，得到地下水线性渗透定律，即达西定律：

$$Q=KWI \tag{4-1}$$

$$I=(H_1+H_2)/L \tag{4-2}$$

式中：Q——单位时间内的渗透流量（出口处流量即为通过砂柱各断面的流量），m^3/d；

W——过水断面面积，m^2；

H_1——上游过水断面的水头，m；

H_2——下游过水断面的水头，m；

L—— 渗透途径（上下游过水断面的距离），m；

I——水力坡度（即水头差除以渗透途径，其含义如图 4－11 所示）；

K——渗透系数，m/d。

从水力学可知，通过某一断面的流量（Q）等于流速（v）与过水断面面积（W）乘积，即：

$$Q=Wv \tag{4-3}$$

式中：v——渗透流速，m/d；

其他符号意义同前。

据此，达西定律也可以表达为另一种形式：

$$v=KI \tag{4-4}$$

式中：各符号意义同前。

二、非线性渗透定律

地下水在较大的空隙中运动，且其流速相当大时，呈紊流运动，此时的渗流服从哲才定

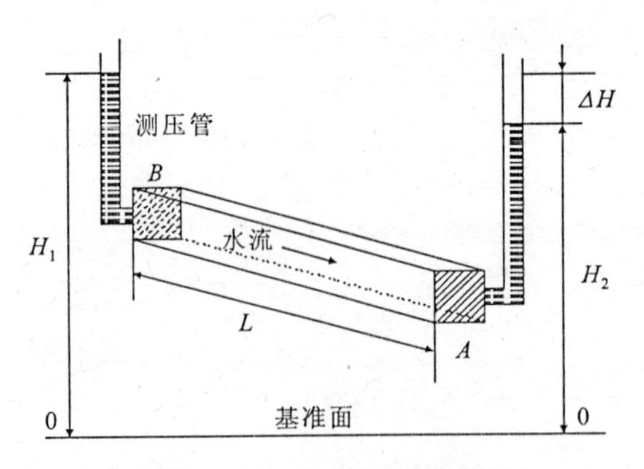

图 4-11　水力坡度含义图

H_1. B 点水头；H_2. A 点水头；ΔH. 水头压力差；L. 从 B 点到 A 点的径流途径

律：

$$v=KI^{\frac{1}{2}} \qquad (4-5)$$

此时渗透流速（v）与水力坡度的平方根成正比，故称非线性渗透定律。

三、地下水涌水量计算

在计算流向集水构筑物的地下水涌水量时，必须区分集水构筑物的类型。集水构筑物按构造形式可分为垂直的井、钻孔和水平的引水渠道、渗渠等。抽取潜水或承压水的垂直集水坑井分别称为潜水井或承压水井。潜水井和承压水井按其完整程度又可分为完整井及不完整井两种类型。完整井是井底达到了含水层的不透水层，水只能通过井壁进入井内；不完整井是井底未达到含水层下的不透水层，水可从井壁、井底同时进入井内。

土木工程中常遇到做层流运动的地下水在井、坑或渗渠中的涌水量计算问题，其具体公式很多，可参考《水文地质手册》。

第四节　地下水对工程建设的影响

在工程建设中，地下水常常起着重要作用。地下水对工程的不良影响主要有：降低地下水会使地面产生固结沉降；不合理的地下水流动会诱发某些土层出现流沙现象和机械潜蚀；地下水对位于水位以下岩石、土层和建筑物基础产生浮托作用；某些地下水对混凝土产生腐蚀等。

一、地下水位下降引起的问题

（一）地面沉降

在含水层中进行地下洞室、地铁或深基础施工时，往往需要采用抽水的办法人工降低地下水位。由于抽水引起含水层水位下降，导致土层中孔隙水压力降低，颗粒间有效应力增加，地层压密作用加强，即表现出地面沉降。前些年，天津市由于抽取地下水地面最大沉降速率高达 262mm/a，最大沉降量达 2.16m。

由于土层的不均匀性和边界条件的复杂性，抽水形成的降水漏斗往往是不对称的，会使周围建筑物或地下管线产生不均匀沉降，甚至开裂。如果抽水井滤网和砂滤层的设计不合理或施工质量差，抽水时会将土层中的黏粒、粉粒，甚至细砂等细小土颗粒随同地下水一起带出地面，也可使周围地面土层很快产生不均匀沉降，造成地面建筑物和地下管线不同程度的损坏。

控制地面沉降最好的方法是合理开采地下水或进行地下水回灌，多年平均开采量不能超过平均补给量。只有这样做，地下水位才不会有多大变化，地面沉降也就不会发生或发生很小，不致造成灾害。

（二）地面塌陷

地面塌陷是松散土层中所产生的突发性断裂陷落。多发生于岩溶地区，在非岩溶地区也能见到。地面塌陷多为人为局部改变地下水位引起的。若地面水渠或地下输水管道渗漏，则地下水位局部上升，基坑降水或矿山排水疏干会引起地下水位局部下降。因此，在短距离内会出现较大的水位差，水力坡度变大，增强了地下水的潜蚀能力，对地层进行冲蚀、掏空，形成地下洞穴。当洞顶失去平衡时便发生地面塌陷。地面塌陷危害很大，破坏农田、水利工程、交通线路，引起房屋破裂倒塌，地下管道断裂。

为杜绝地面塌陷的发生，在重大工程附近应严格禁止大幅度改变地下水位的工程施工。若必须施工时，应进行回灌，以保证附近地下水位不要有大的变化。

二、地下水的渗透变形

（一）流沙

流沙是地下水自下而上渗流使土产生流动的现象。它与地下水的动水压力有密切关系。当地下水的动水压力大于土粒的浮容重或地下水的水力坡度大于临界水力坡度时，土颗粒之间的有效应力等于零，土颗粒悬浮于水中，随水一起流出就会产生流沙。这种情况经常在开挖基坑、埋设地下管道、打井等工程活动中发生。流沙在工程施工中能造成大量的土体流动，致使地表塌陷或建筑物的地基破坏，能给施工带来很大困难，或直接影响建筑工程及附近建筑物的稳定，甚至发生重大事故。

在可能产生流沙的地区，应尽量利用上面的土层作天然地基，尽可能地避免开挖。如果必须开挖，可用以下方法处理流沙。

（1）人工降低地下水位。使地下水位降至可能产生流沙的地层以下，然后开挖。

（2）打板桩。在土中打入板桩，它一方面可以加固坑壁，同时增长了地下水的渗流路程以减小水力坡度。

（3）冻结法。用冷冻方法使地下水结冰，然后开挖。

（4）水下挖掘。在基坑（或沉井）中用机械在水下挖掘，避免因排水而造成产生流沙的水头差。为了增加沙的稳定，也可向基坑中注水并同时进行挖掘。此外，处理流沙的方法还有化学加固法、爆炸法及加重法等。在基槽开挖过程中局部地段出现流沙时，立即抛入大块石等，可以克服流沙的活动。

（二）潜蚀

潜蚀作用可分为机械潜蚀和化学潜蚀两种。机械潜蚀是指土粒在地下水的动水压力作用下受到冲刷，将细粒冲走，使土的结构破坏，形成洞穴的作用；化学潜蚀是指地下水溶解土中的盐分，使土粒间的结合力和土的结构破坏，土粒被水带走，形成洞穴的作用。这两种作用一般是同时进行的。潜蚀作用会破坏地基土的强度，形成空洞，产生地表塌陷，影响建筑工程的稳定。在我国的黄土层及岩溶地区的土层中，常有潜蚀现象发生，修建时必须加以注意。

对潜蚀的处理可以采取堵截地表水流入土层、阻止地下水在土层中流动、设置反滤层、改造土的性质、减小地下水流速及水力坡度等措施。这些措施应根据当地的具体地质条件分别或综合采用。

三、地下水的浮托作用

当建筑物基础底面位于地下水位以下时，地下水对基础底面产生静水压力，即浮托力。如果基础位于粉性土、砂性土、碎石土和节理裂隙发育的岩石地基上，则按地下水位的100%计算浮托力；如果基础位于节理裂隙不发育的岩石地基上，则按地下水位的50%计算浮托力；如果基础位于黏性土地基上，其浮托力较难确切地确定，应结合地区的实际经验考虑。

地下水不仅对建筑物基础产生浮托力，同样对其水位以下的岩石、土体产生浮托力。所以确定地基承载力设计值时，无论是基础底面以下土的天然容重或是基础底面以上土的加权、平均容重，地下水位以下一律取浮容重。

四、承压水的隆起作用

当基坑下有承压含水层时，开挖基坑减小了底部隔水层的厚度。当隔水层较薄经受不住承压水头压力作用时，承压水的水头压力会冲破基坑底板，这种工程地质现象被称为基坑突涌。

为避免基坑突涌发生，必须验算基坑底层的安全厚度 M。基坑底层厚度与承压水头压力的平衡关系式为：

$$rM = r_w H \tag{4-6}$$

式中：r、r_w——分别为黏性土的容重和地下水的容重；

H——相对于含水层顶板的层压水头值；

M——基坑开挖后黏土层的厚度。

所以，基坑底部黏土层的厚度必须满足式（4－7），如图4－12所示。

$$M > \frac{r_w}{r} H \tag{4-7}$$

如果 $M < \frac{r_w}{r} H$，防止基坑突涌，则必须对承压水进行预先排水，使其承压水头下降至基坑能够承受的水头压力（图4－13），而且，相对于含水层顶板的承压水头 H_w 必须满足式（4－8）：

$$H_w < \frac{r}{r_w} M \tag{4-8}$$

式中：各符号意义同前。

五、地下水对混凝土的腐蚀性

当建筑物基础、地下洞室衬砌和边坡支挡等建筑物长期与地下水相接触时，地下水中各种化学成分会与建筑物中混凝土中的水泥及钢筋产生化学反应，使混凝土中某些物质被溶蚀，强度降低，结构遭到破坏；或者在混凝土中生成某种新的化合物，这些新化合物生成时

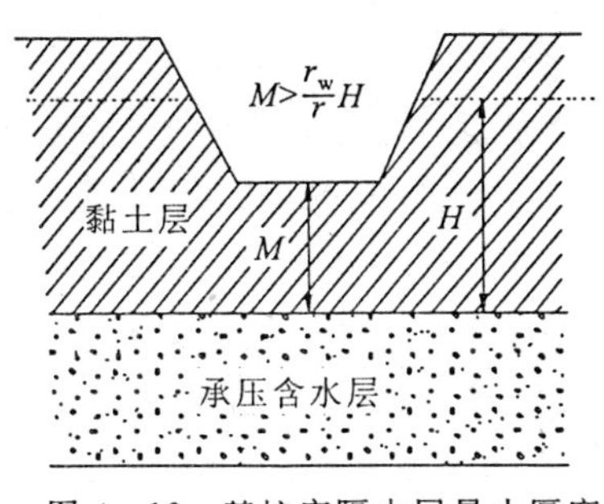

图 4－12　基坑底隔水层最小厚度

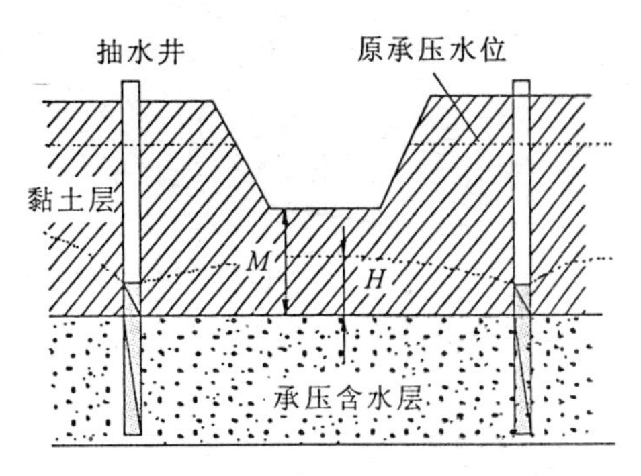

图 4－13　防止基坑突涌的排水降压

体积膨胀，使混凝土开裂破坏。

地下水对混凝土的侵蚀有以下几种类型。

（一）腐蚀类型

硅酸盐水泥遇水硬化，形成 $Ca(OH)_2$、水化硅酸钙（$CaO \cdot SiO_2 \cdot 12H_2O$）、水化铝酸钙（$CaO \cdot Al_2O_3 \cdot 6H_2O$）。这些物质往往会受到地下水的腐蚀。地下水对混凝土的腐蚀分为三类。

1. 结晶类腐蚀

如果地下水中 SO_4^{2-} 的含量超过规定值，那么 SO_4^{2-} 将与混凝土中的 $Ca(OH)_2$ 起反应，生成二水石膏（$CaSO_4 \cdot 2H_2O$），这种石膏再与水化铝酸钙（$CaO \cdot Al_2O_3 \cdot 6H_2O$）发生化学反应，生成水化硫铝酸钙，这是一种铝和钙的复合硫酸盐，习惯上称为水泥杆菌。由于水泥杆菌结合了许多的结晶水，因而其体积比化合前增大很多，约为原体积的 221.86%，于是，在混凝土中产生很大的内应力，使混凝土的结构遭受破坏。

2. 分解类腐蚀

地下水中含有 CO_2 和 HCO_3^-，CO_2 与混凝土中的 $Ca(OH)_2$ 作用，生成碳酸钙沉淀。其公式如下：

$$Ca(OH)_2 + CO_2 = CaCO_3 \downarrow + H_2O$$

由于 $CaCO_3$ 不溶于水，它可填充混凝土的孔隙，在混凝土周围形成一层保护膜，能防止 $Ca(OH)_2$ 的分解。但是，当地下水中的含量超过一定数值，而 HCO_3^- 的含量过低，则过量的 CO_2 再与 $CaCO_3$ 反应，生成重碳酸钙 $Ca(HCO_3)_2$ 并溶于水，即：

$$CaCO_3 + CO_2 + H_2O \rightleftharpoons Ca^{2+} + 2HCO_3^-$$

上述这种反应式是可逆的：当 CO_2 含量增加时，平衡被破坏，反应向右进行，固体 $CaCO_3$ 继续分解；当 CO_2 含量变少时，反应向左进行，固体 $CaCO_3$ 沉淀析出。如果 CO_2 和 HCO_3^- 的浓度相等时，反应就达到平衡。所以，当地下水中 CO_2 的含量超过平衡所需的数量时，混凝土中的 $CaCO_3$ 就被溶解而受腐蚀，这是分解类腐蚀，超过平衡浓度的 CO_2 被称为侵蚀性 CO_2。地下水中侵蚀性 CO_2 愈多，对混凝土的腐蚀越强。地下水流量、流速很大时，CO_2 易补充，平衡难建立，因而腐蚀加快。另一方面，HCO_3^- 含量愈高，对混凝土腐蚀性愈弱。

如果地下水的酸度过大，即 pH 值小于某一数值，那么混凝土中的 $Ca(OH)_2$ 也要分解，特别是当反应生成物为易溶于水的氯化物时，对混凝土的分解腐蚀很强烈。

3. 结晶分解复合类腐蚀

当地下水中的 NH_4^+、NO_3^-、Cl^- 和 Mg^{2+} 的含量超过一定数值时，与混凝土中的 $Ca(OH)_2$发生反应，例如：

$$MgSO_4 + Ca(OH)_2 = Mg(OH)_2 \downarrow + CaSO_4$$

$$MgCl_2 + Ca(OH)_2 = Mg(OH)_2 \downarrow + CaCl_2$$

$Ca(OH)_2$ 与镁盐作用的生成物中，除 $Mg(OH)_2$ 不易溶解外，$CaCl_2$ 易溶于水，并随水流失。另一方面，硬石膏（$CaSO_4$）与混凝土中的水化铝酸钙反应生成水泥杆菌，硬石膏遇水生成二水石膏，二水石膏在结晶时，体积也会膨胀，破坏混凝土的结构。

综上所述，地下水对混凝土建筑物的腐蚀性是一项复杂的物理化学过程，在一定的工程地质与水文地质条件下，对建筑材料的耐久性影响很大。

（二）腐蚀性评价标准

根据各种化学腐蚀性所引起的破坏作用，将 SO_4^{2-} 的含量归纳为结晶类腐蚀性的评价指标；将腐蚀性 CO_2、HCO_3^- 和 pH 值归纳为分解类腐蚀性的评价指标；而将 Mg^{2+}、NH_4^+、NO_3^-、Cl^-、SO_4^{2-} 的含量作为结晶分解类腐蚀性的评价指标。同时，在评价地下水对建筑结构材料的腐蚀性时，必须结合建筑场地所属的环境类别（表 4－5）来评价。

表 4－5 混凝土腐蚀的场地环境类别

<table>
<tr><th>环境类别</th><th>气候区</th><th>土层特性</th><th colspan="2">干湿交替</th><th>冰冻区（段）</th></tr>
<tr><td>Ⅰ</td><td>高寒区、干旱区</td><td>直接临水，强透土层中的地下水，或湿润的强透水土层</td><td>有</td><td rowspan="3">混凝土不论在地面或地下，无干湿交替作用时，其腐蚀强度比有干湿交替作用时相对降低</td><td rowspan="3">混凝土不论在地面或地下，当受潮或浸水时，处于严重冰冻区（段）、冰冻区（段）、微冰冻区（段）</td></tr>
<tr><td rowspan="2">Ⅱ</td><td>高寒区、干旱区、半干旱区</td><td>弱透土层中的地下水，或湿润的强透水土层</td><td>有</td></tr>
<tr><td>湿润区、半湿润区</td><td>直接临水，强透水土层中的地下水，或湿润的强透水土层</td><td>有</td></tr>
<tr><td>Ⅲ</td><td>各种气候</td><td>弱透水层</td><td colspan="2">无</td><td>不冻区（段）</td></tr>
</table>

注：当竖井、隧洞、水坝等工程的混凝土结构一面与水（地下水或地表水）接触，另一面又暴露在大气中时，其场地环境分类应划分为Ⅰ类。

地下水对建筑材料腐蚀性评价标准见表 4－6、表 4－7、表 4－8。

表 4－6 分解类腐蚀的评价标准

腐蚀等级	pH 值		腐蚀性 CO_2 含量（$mg \cdot L^{-1}$）		HCO_3^- 浓度（$mmol \cdot L^{-1}$）
	A	B	A	B	A
无腐蚀性	>6.5	>5.0	<15	<30	>1.0
弱腐蚀性	5.0～6.5	4.0～5.0	15～30	30～60	0.5～1.0
中腐蚀性	4.0～5.0	3.5～4.0	30～60	60～100	<0.5
强腐蚀性	<4.0	<3.5	>60	>100	—

注：A. 直接临水或强透水土层中的地下水或湿润的强透水层；

B. 弱透水土层的地下水或湿润的弱透水土层。

表 4-7　结晶类腐蚀评价标准

腐蚀等级	SO_4^{2-} 在水分中含量（$mg \cdot L^{-1}$）		
	Ⅰ类环境	Ⅱ类环境	Ⅲ类环境
无腐蚀性	<250	<500	<1 500
弱腐蚀性	250～500	500～1 500	1 500～3 000
中腐蚀性	500～1 500	1 500～3 000	3 000～6 000
强腐蚀性	>1 500	>3 000	>6 000

表 4-8　结晶分解复合类腐蚀评价标准　单位：mg/L

腐蚀等级	Ⅰ类环境		Ⅱ类环境		Ⅲ类环境	
	$Mg^{2+}+NH_4^+$	$Cl^-+SO_4^{2-}+NO_3^-$	$Mg^{2+}+NH_4^+$	$Cl^-+SO_4^{2-}+NO_3^-$	$Mg^{2+}+NH_4^+$	$Cl^-+SO_4^{2-}+NO_3^-$
无腐蚀性	<1 000	<3 000	<2 000	<5 000	<3 000	<10 000
弱腐蚀性	1 000～2 000	3 000～5 000	2 000～3 000	5 000～8 000	3 000～4 000	10 000～20 000
中腐蚀性	2 000～3 000	5 000～8 000	3 000～4 000	8 000～10 000	4 000～5 000	20 000～30 000
强腐蚀性	>3 000	>8 000	>4 000	>10 000	>5 000	>30 000

复习思考题

1. 地下水的物理性质包括哪些内容？地下水的化学成分有哪些？
2. 地下水按埋藏条件可分为哪几种类型？它们有何不同？试简述之。
3. 地下水按孔隙介质可以分为哪几种类型？它们有何不同？试简述之。
4. 试分别说明包气带水、潜水和承压水的形成条件。
5. 根据埋藏情况，裂隙水可分为哪几种类型？它们有何特征？
6. 产生基坑突涌的原因是什么？
7. 地下水对工程建设的不良影响主要有哪些方面？
8. 地下水对建筑材料的腐蚀类型与特征是什么？

第二篇　不良地质作用

第五章　滑　坡

第一节　滑坡概述

滑坡一般是指在地下水、河流、人类工程活动、地震等因素的影响下，斜坡上的岩土体在重力作用下，沿地层中的薄弱面或薄弱带整体向下滑动的不良地质现象（图 5-1）。

一、基本概念

滑坡是山区常见的地质灾害。规模大的滑坡一般是长期缓慢往下滑动，其过程可延续几年甚至更长时间，其滑动速度在突变阶段才显著增大。大型的高速滑坡，滑动速度可达 20m/s 以上，规模可达几千万立方米甚至数亿立方米，常掩埋村庄、中断交通、堵塞河道，给工程建设带来极大的危险。

每个发育完全的滑坡一般都具有下列要素（图 5-1）。

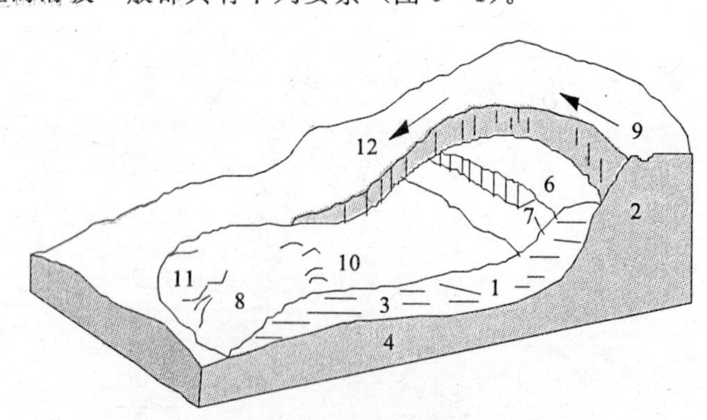

图 5-1　滑坡示意图

1. 滑坡体；2. 滑坡面；3. 滑动带；4. 滑坡床；5. 滑坡壁；6. 滑坡台地；7. 滑坡台阶；8. 滑坡舌；9. 张拉裂缝；10. 滑坡鼓丘；11. 扇形张裂缝；12. 剪切裂缝

（1）滑坡体。滑坡发生后，滑动部分和母体完全脱开，这个滑动部分就是滑坡体。

（2）滑坡周界。滑坡和其周围没有滑动部分在平面上的分界线称为滑坡周界。

（3）滑动面。滑坡作向下滑动时，它和母体形成一个分界面，这个面称为滑动面。

(4) 滑坡床。指滑动面以下没有滑动的岩（土）体。

(5) 滑动带。指滑动面以上受滑动揉皱的地带，厚几厘米至几米。

(6) 主滑线（滑坡轴）。指滑坡体滑动速度最快的纵向线，它代表整个滑坡的滑动方向，一般位于滑坡体上推力最大、滑床凹槽最深（滑坡体最厚）的纵断面上，在平面上可为直线或曲线。

(7) 滑坡壁。滑坡滑动后，滑坡体后部和母体脱开的分界面暴露在外面的部分，平面上多呈圈椅状外貌。

(8) 滑坡台阶。在滑坡体上部由于各段岩（土）体运动速度不同所形成的台阶状滑坡错台称为滑坡台阶。此处常有地下水出现或地表水汇集，成为清泉湿地或水塘。

(9) 滑坡鼓丘。滑坡体向前滑动时若受到阻碍，就形成隆起的小丘。

(10) 滑坡舌（滑坡头）。滑坡体的前部向前伸出如舌头状的部分。

二、滑坡的分类

对滑坡进行合理的分类对于认识和防治滑坡是非常必要的，目前常见的滑坡分类方法有如下几种。

（一）按滑动时力的作用分类

(1) 推移式滑坡［图 5－2（a）］。主要是由于在斜坡上方不恰当地加载（如建筑物、弃土等）引起，其上部先滑动，而后推动下部一起滑动。一般用卸荷的办法来治理。

(2) 平移式滑坡［图 5－2（b）］。滑动面的许多点同时局部滑动，然后逐步发展到整体滑动。

(3) 牵引式滑坡［图 5－2（c）］。主要是由于在坡脚任意挖方所引起，其下部先滑动，而后牵引上部接着下滑，好像火车头牵引车厢，一节一节牵引滑动。一般用支挡的办法来治理。

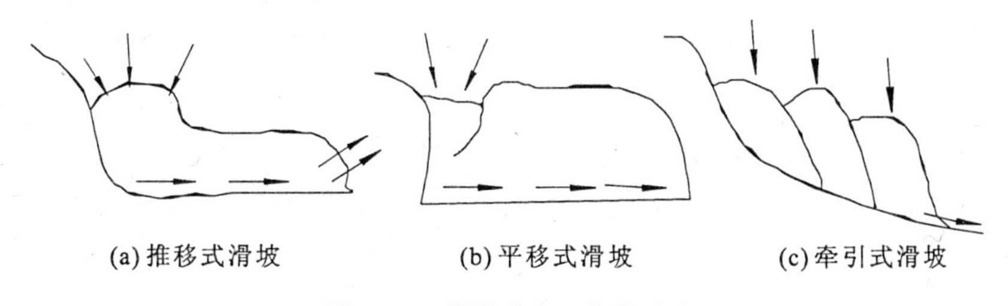

图 5－2　滑坡分类（按滑动力）

（二）按滑动面通过各岩（土）层的情况分类

(1) 顺层滑坡［图 5－3（a）］。这类滑坡是沿着斜坡岩层面或软弱结构面发生滑动，特别当松散土层与基岩接触面倾向与斜坡坡面一致时更为常见，它们的滑动面常呈平坦阶梯面。

(2) 切层滑坡［图 5－3（b）］。这类滑坡的滑动面切割了不同岩层，并形成滑坡台阶。在破碎的风化岩层中所发生的切层滑坡常与崩塌类似。

(3) 均匀土滑坡［图 5－3（c）］。又叫同类土滑坡，多发生在均匀土或风化强烈的岩层中，滑动面常近似为一圆筒面，均匀光滑。

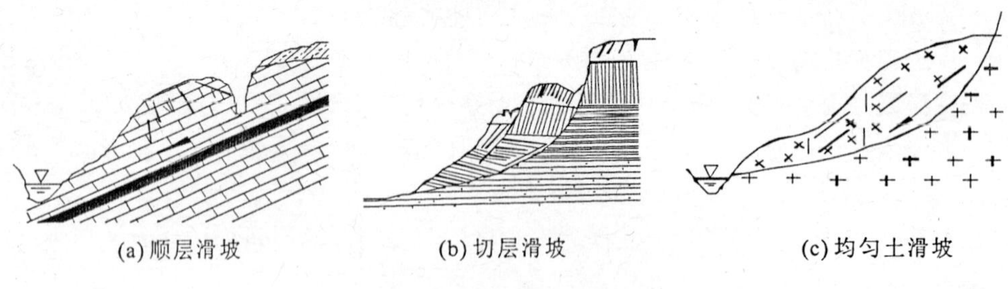
(a)顺层滑坡 (b)切层滑坡 (c)均匀土滑坡

图 5-3 滑坡分类（按基岩性质）

（三）按滑坡体的体积分类

小型滑坡，滑坡体体积小于 3 万 m^3；中型滑坡，滑坡体体积为 3～50 万 m^3；大型滑坡，滑坡体体积为 50～300 万 m^3；特大型滑坡，滑坡体体积大于 300 万 m^3。

（四）按滑坡体的厚度分类

分为浅层滑坡、中层滑坡、深层滑坡。

（五）按滑坡的主要物质成分分类

分为堆积层滑坡、黄土滑坡、黏土滑坡、岩层滑坡。

三、滑坡形成的条件和发展因素

滑坡的发生，是斜坡岩（土）体平衡条件遭到破坏，即斜坡岩（土）体的下滑力大于所受抗滑力的结果。而斜坡的外形基本上决定了斜坡内部的应力状态（剪切力的大小及其分布），组成斜坡的岩土性质和结构决定了斜坡各部分抗剪强度的大小。当斜坡内部的剪切力大于岩土的抗剪强度时，斜坡将发生剪切破坏而滑动，自动地调整其外形来与之相适应。因此，凡是引起改变斜坡外形和使岩土性质恶化的所有因素，都将是影响滑坡形成的因素，这些因素概括起来主要有以下几个方面。

（一）地形地貌

斜坡的高度和坡度与斜坡稳定性有密切关系。通常，开挖的边坡愈高、愈陡，其稳定性愈差。力学分析表明，开挖边坡在坡顶出现拉应力，在坡脚出现剪应力集中，边坡愈高、愈陡，拉应力区域和剪应力集中程度愈大。

（二）地层岩性

坚硬完整岩体构成的斜坡一般不易发生滑坡，只有当这些岩体中含有向坡外倾斜的软弱夹层、软弱结构面，且倾角小于坡面、能够形成贯通滑动面时，才能形成滑坡。各种易于亲水软化的土层和一些软质岩层组成的斜坡，都容易发生滑坡。容易产生滑坡的土层有胀缩黏土、黄土和黄土类土以及黏性的山坡堆积层等。它们有的与水作用容易膨胀和软化；有的结构疏松，透水性好，遇水容易崩解，强度和稳定性容易受到破坏。容易产生滑坡的软质岩层有页岩、泥岩、泥灰岩等遇水易软化的岩层。此外，千枚岩、片岩等在一定的条件下也容易产生滑坡。

（三）地质构造

埋藏于土体或岩体中倾向与斜坡一致的层面、夹层、基岩顶面、古剥蚀面、不整合面、层间错动面、断层面、裂隙面、片理面等，一般都是抗剪强度较低的软弱面，当斜坡受力情况突然变化时，都可能成为滑坡的滑动面。如黄土滑坡的滑动面往往就是下伏的基岩面或是黄土的层面；有些黏土滑坡的滑动面是自身的裂隙面。

（四）水的作用

水是导致滑坡的重要因素，绝大多数滑坡都必须有水的参与才能发生滑动。水的作用主要表现在以下几个方面。

(1) 增大岩土体质量，从而加大滑坡的下滑力。

(2) 软化降低滑带土的抗剪强度，主要表现在 C、ϕ 值的降低。

(3) 增大岩土体的地下水的动水压力。因滑动面土为相对隔水层，地表水体补给滑体后，多以滑面为其渗流下限，通过滑体渗流，然后在滑坡前缘地带呈湿地或泉水外泄，当雨水量过大或滑体渗流不畅时，水头上涌形成地下水的动水压力，导致滑体下滑力增大。

(4) 冲刷作用。冲刷作用主要是水流对抗滑部分的冲刷，导致斜坡失稳或滑坡复活，这是滑坡预报分析的重要依据。

(5) 水的浮托作用。水的浮托作用主要是指滑坡前缘抗滑段被水淹没发生减重，削弱其抗滑能力而导致滑坡复活，在水库和洪水淹没区常发生此类滑坡，但不是所有古滑坡都会因被淹没而复活。

（五）人为因素及其他因素

人为因素主要指因人类工程活动不当，包括工程设计不合理和施工方法不当造成近期甚至十几年后发生滑坡的恶果。其他因素主要指地震、风化作用、降雨等可能引发滑坡或对滑坡发展有影响的因素。

四、滑坡的发展过程

滑坡的发展是一个缓慢的过程，通常将滑坡的发展分为以下三个阶段。

(1) 蠕动变形阶段。在这个阶段，由于外界因素的影响使得斜坡的稳定状态受到破坏。从斜坡发生变形、坡面出现裂缝到斜坡滑动面全部贯通的发展阶段称为滑坡的蠕动变形阶段。这一阶段经历的时间由数天至数年不等。

(2) 滑动破坏阶段。滑坡体沿着滑动面向下滑动的阶段称为滑动破坏阶段。此时滑坡壁出露明显，滑坡后缘迅速下陷，滑坡体分裂成数块，并在坡面上形成阶梯状地形。如果滑带土的抗剪强度剧烈变化，可能会出现每秒几米至几十米的高速滑动。

(3) 压密稳定阶段。在重力作用下，滑坡体上的松散岩土体逐渐压密，地表的裂缝被充填，滑动面附近的岩土强度由于压密固结而进一步提高。当滑坡的坡面变缓、地表没有明显裂缝，滑坡前缘无水渗出或流出清凉的泉水，滑坡表面植被重新生长时，表明滑坡已基本稳定。这一阶段持续几年甚至更长的时间。

第二节　滑坡的野外识别

斜坡在滑动之前，常有一些先兆现象，如地下水位发生显著变化，干涸的泉水重新出水并且混浊，坡脚附近湿地增多，范围扩大；斜坡上部不断下陷，外围出现弧形裂缝，坡面树木逐渐倾斜，建筑物开裂变形；斜坡前缘土石零星掉落，坡脚附近土石被挤紧，并出现大量鼓张裂缝等。

斜坡滑动之后，会出现一系列的变异现象，这些变异现象为我们提供了在野外识别滑坡的标志，主要有如下几种。

一、地形地貌及地物标志

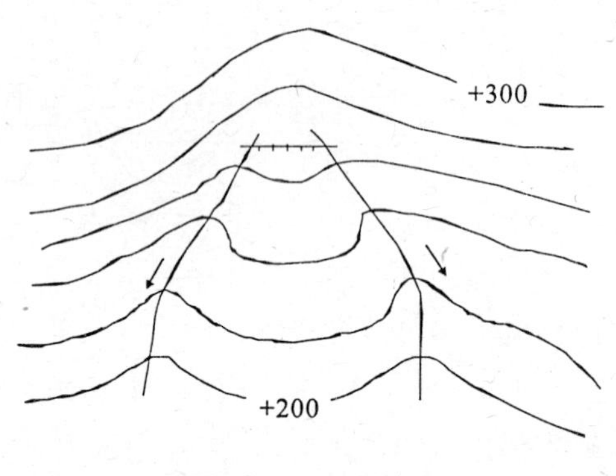

图 5-4 双沟同源

滑坡的存在，常使斜坡不顺直、不圆滑而造成圈椅状地形和槽谷地形，其上部有陡壁及弧形拉张裂缝；中部坑洼起伏，有一级或多级台阶，其高程和特征与外围河流阶地不同，两侧可见羽毛状剪切裂缝：下部有鼓丘，呈舌状向外突出，有时甚至侵占部分河床，表面多鼓张扇形裂缝；两侧常形成沟谷，出现双沟同源现象（图 5-4）；有时内部多积水洼地，喜水植物茂盛，有“醉林”及“马刀树”（图 5-5）和建筑物开裂、倾斜等现象。

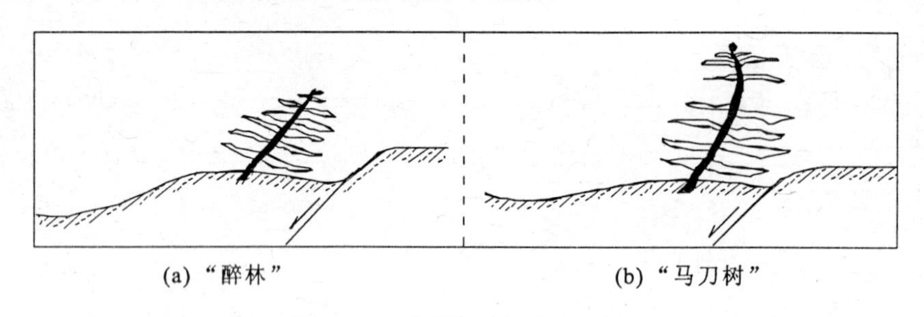
(a)“醉林”　(b)“马刀树”

图 5-5 “醉林”与“马刀树”

二、地层构造标志

假如斜坡地层属于软弱层或软硬相间，可以形成良好的聚水条件，并且斜坡较陡，就有可能产生滑坡；若斜坡面松散堆积层下面为致密地层，也容易产生滑坡；若斜坡上的岩层发育有层理或有不整合面，或节理裂隙面的倾斜角大到某一限度时，也可能为滑坡的滑动面。当滑坡发生时，滑坡范围内的地层整体性常因滑动而破坏，有扰乱松动现象；层位不连续，出现缺失某一地层、岩层层序重叠或层位标高有升降等待殊变化；岩层产状发生明显的变化；构造不连续(如裂隙不连贯、发生错动)等，都是滑坡存在的标志。

三、水文地质标志

沟谷交汇的陡坡下部或地下水露头多的斜坡地带，常发育着滑坡群。在地下水露头较多的斜坡地带，多产生浅层小滑坡，这种小滑坡因含水层与周界外的联系错断，形成单独的含水体系，有时发生潜水位不规则和流向紊乱的现象，斜坡下部常有成排的泉水溢出，同时在滑坡周界裂缝的两侧、坡面洼地和舌部常有喜水植物茂盛生长。

上述各种变异现象，是滑坡运动的统一产物，它们之间有不可分割的联系。因此，在实践中必须综合考虑几个方面的标志，并互相验证，才能准确无误，绝不能根据某一标志，就轻率地下结论。

第三节　滑坡稳定性评价

研究滑坡的目的，是为了评价滑坡的稳定性，从而判断滑坡对工程建筑的危害性以及提出一定的防治滑坡的措施。对滑坡进行稳定性评价，目前仍是以稳定性定性分析为基础，分析影响滑坡产生的各种因素，判断滑坡的稳定性，辅之以稳定性力学验算，最后对滑坡的稳定性作出综合的评价。

一、滑坡稳定性分析

（一）从地貌特征及演变过程分析滑坡的稳定性（表5－1）

表5－1　根据地貌特征判别滑坡稳定性

滑坡要素	相对稳定	不稳定
滑坡体	坡度较缓，坡面较平整，草木丛生，土体密实，无松塌现象，两侧沟谷已下切深达基岩	坡度较陡，平均坡度为30°左右，坡面高低不平，有陷落松塌现象，无高大直立树木，地表水、泉、湿地发育
滑坡壁	滑坡壁较高，长满了草木，无擦痕	滑坡壁不高，草木少，有坍塌现象，有擦痕
滑坡平台	平台宽大，且已夷平	平台面积不大，有向下缓倾或后倾现象
滑坡前缘及滑坡舌	前缘斜坡较缓，坡上有河水冲刷过的痕迹，并堆积了漫滩阶地，河水已远离舌部，舌部坡脚有清澈的泉水	前缘斜坡较陡，常处于河水冲刷之下，无漫滩阶地，有时有季节性泉水出露

（二）从工程地质及水文地质条件对比分析滑坡稳定性

可以将滑坡地段的工程地质、水文地质条件与附近相似条件的稳定山坡进行对比，分析其差异性，从而判定其稳定性，具体方法如下。

（1）下伏基岩若呈凸形，不易积水，较稳定；反之，若呈勺形且地表有反坡向地形时，易积水，不稳定。

（2）滑坡两侧及滑坡范围内同一沟谷的两侧，在滑动体与相邻稳定地段的地质断面中，详尽地对比地层，描述各层的物质组成、结构构造，不同矿物含量和性质、风化程度和分布的位置等，借以判断山坡处于滑动的某一阶段及其稳定程度。

（3）分析滑动面的坡度、形状、与地下水的关系，软弱结构面的分布及其性质，以判断其稳定性及估计今后的发展趋势。

（三）滑动前的迹象及滑动因素的变化

分析滑动前的迹象，如裂缝、泉水复活、舌部鼓胀、隆起等，以及引起滑动的自然和人为因素，如切方、填土、冲刷等。研究下滑力与抗滑力的对比及其变化，从而判断滑坡的稳定性。

二、滑坡稳定性的验算

滑坡稳定性验算，必须在充分调查与分析的基础上，根据滑坡体不同部位的差异性，选择有代表性的或最危险的断面（其中应包括主轴断面），按滑动面的形状，采用合理的计算指标与公式进行验算。除验算滑坡体的整体稳定程度外，还应验算沿薄弱部位局部滑动的可能性，验算指标宜根据实验结果、反算指标及当地经验数据等综合选取。

（一）滑动面为平面形时

当斜坡岩（土）体沿平面 AB 滑动时，其力系如图 5-6 所示。

斜坡的平衡条件为由岩（土）体重力 G 所产生的侧向滑动分力 T 等于或小于滑动面的抗滑阻力 F。通常以稳定系数 K 表示这两力之比，即：

$$K=\frac{\text{总抗滑力}}{\text{总下滑力}}=\frac{F}{T} \tag{5-1}$$

很显然，若 $K<1$，斜坡平衡条件将遭到破坏，滑坡易滑动；若 $K\geqslant 1$，斜坡处于稳定或极限平衡状态。

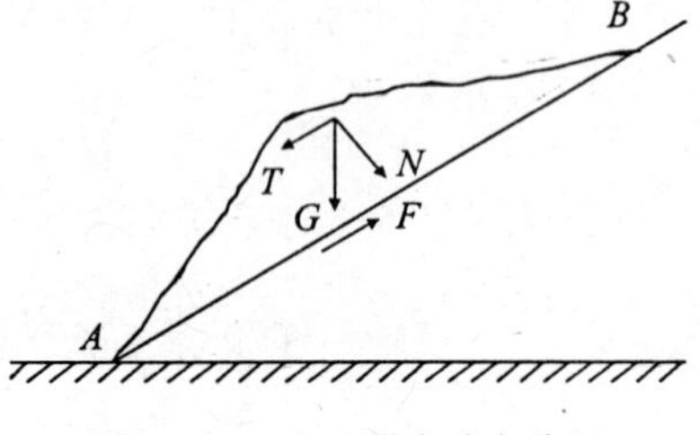

图 5-6　平面滑动受力分析

（二）滑动面为圆弧形时

斜坡岩（土）体沿圆弧面滑动时所受的力如图 5-7 所示。

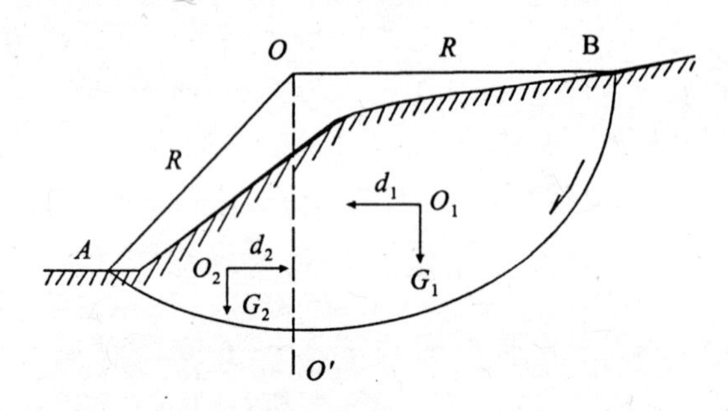

图 5-7　圆弧滑动受力分析

图 5-7 中弧 AB 为假定的滑动圆弧面，其相应的滑动中心为 O 点，R 为滑弧半径。过滑动圆心 O 作一铅直线 OO'，将滑体分为两部分：OO' 线右侧为滑动部分，其重心为 O_1，重力为 G_1，它使斜坡岩（土）体具有向下滑动的趋势，对 O 点的滑动力矩为 G_1d_1；OO' 线左侧为随动部分，起着阻止斜坡滑动的作用，具有与滑动力矩方向相反的抗滑力矩 G_2d_2，它与滑动面上的抗滑力矩 $\tau\cdot AB\cdot R$ 之和为总抗滑力矩，τ 为滑动面上的抗剪强度。

其稳定性系数 K 满足：

$$K=\frac{\text{总抗滑力矩}}{\text{总滑动力矩}}=\frac{G_2d_2+\tau\cdot AB\cdot R}{G_1d_1} \tag{5-2}$$

同理，若 $K<1$，滑坡不稳定；若 $K\geqslant 1$，斜坡处于稳定或极限平衡状态。

由上述力学分析可知，滑坡滑动必须满足以下两个条件：①必须形成一个贯通的滑动面；②总下滑力（矩）大于总抗滑力（矩）。

第四节　滑坡的防治与监测

一、滑坡的防治

滑坡的防治原则应当是以防为主、治理为辅；查明影响因素，进行综合治理；一次根治，不留后患。在工程位置选择阶段，尽量避开可能发生滑坡的区域，特别是大型、巨型滑坡区域；在工程场地勘测设计阶段，必须进行详细的工程地质勘测，对可能产生的新滑坡，采取正确、合理的工程设计，避免新滑坡的产生；对已有的老滑坡要防止其复活；对正在发展的滑坡进行综合整治。

防治滑坡的工程措施很多，归纳起来分为三类：一是消除或减轻水的危害；二是改变滑坡体外形，修建支挡抗滑工程；三是改善滑动带岩土性质。其主要工程措施简要分述如下。

（一）消除或减轻水的危害

1. 排除地表水

排除地表水是整治滑坡不可缺少的辅助措施，而且应是首先采取并长期运用的措施，其目的在于拦截、排除地表水，避免地表水流入滑坡体内，如图 5-8 所示。主要工程措施包括：设置滑坡体外截水沟、滑坡体上地表水的排水沟，做好滑坡区的绿化工作等。

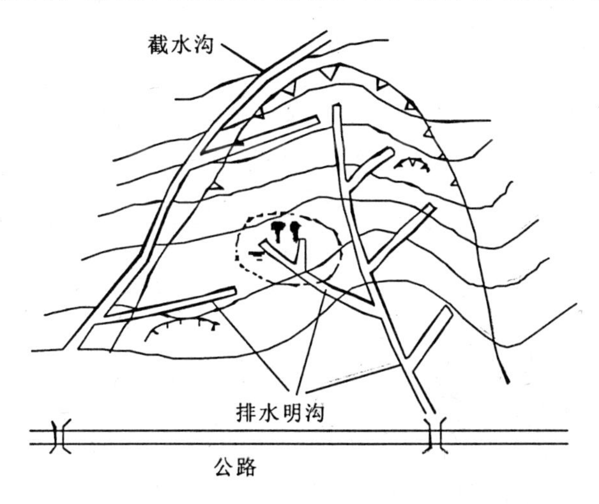

图 5-8　滑坡地表排水系统示意图

2. 排除地下水

对于地下水，可疏不可堵。其主要工程措施包括下面几种。

（1）截水盲沟。用于拦截和旁引滑坡外围的地下水（图 5-9、图 5-10）。

（2）支撑盲沟。兼具排水和支撑作用（图 5-11）。

（3）仰斜孔群。用近乎水平的钻孔把地下水引出。

此外还有盲洞、渗管、渗井、垂直钻孔等排除滑体内地下水的工程措施。

3. 防止河水、水库水对滑坡体坡脚的冲刷

主要工程措施包括在滑坡上游严重冲刷地段修筑促使主流偏向对岸的丁坝，在滑坡前缘

抛石、铺设石笼、修筑钢筋混泥土块排管等，以使坡脚的土体免受河水冲刷。

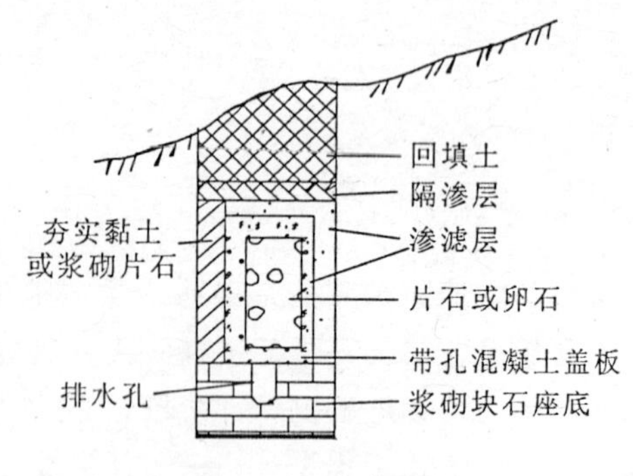

图 5-9　截水盲沟

（二）改变滑坡体外形、修建支挡抗滑工程

1. 削坡减重

常用于治理处于“头重脚轻”状态而在前方没有可靠抗滑地段的滑体，使滑体外形改善、重心降低，从而提高滑体稳定性，清除的岩（土）体可堆筑在坡脚，起反压抗滑作用。

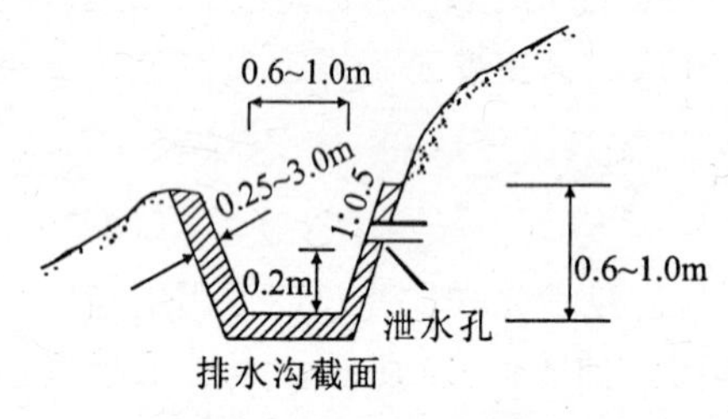

图 5-10　截水盲沟断面构造图

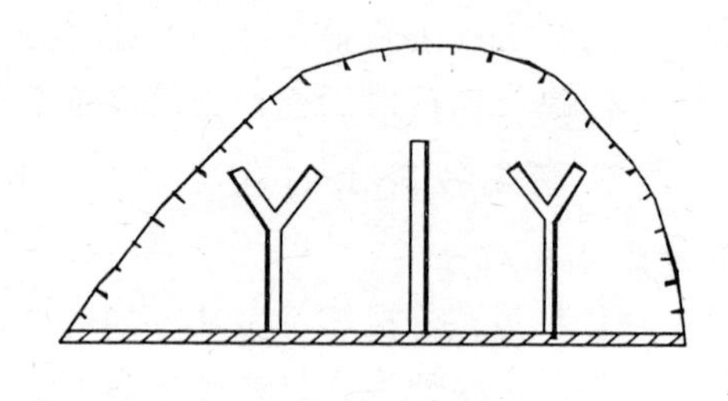
图 5-11　支撑盲沟

2. 修筑支挡抗滑工程

因失去支撑而引起滑动的滑坡，或滑坡床陡、滑动可能较快的滑坡，采用修筑支挡工程的办法，可增加滑坡的重力平衡条件，使滑体迅速恢复稳定。支挡建筑物种类有抗滑片石垛、抗滑桩、抗滑挡墙、锚索抗滑桩和抗滑桩板墙等。

支挡工程的作用主要是增加抗滑力，使滑坡不再滑动。常用的支挡工程有挡土墙、抗滑桩和锚固工程。

挡土墙应用广泛，属于重型支挡工程。采用挡土墙必须计算出滑坡滑动推力、查明滑动面位置，挡土墙基础必须设置在滑动面以下一定深度的稳定岩层上，墙后设排水沟，以消除对挡土墙的水压力（图 5-12）。

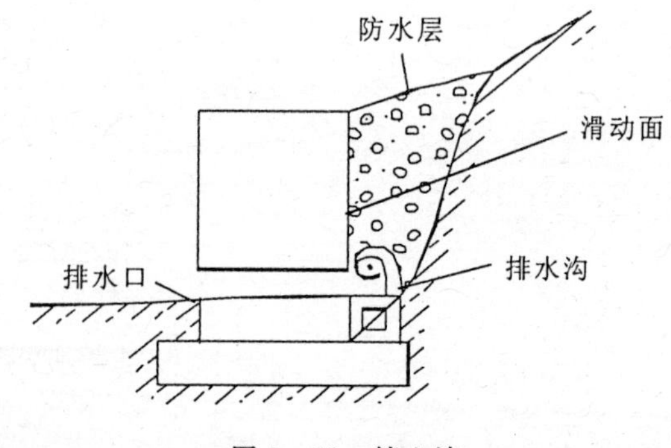

图 5-12　挡土墙

抗滑桩是近 20 年来逐渐发展起来的抗滑工程。桩材料多为钢筋混凝土，桩横断面可为方形、矩形或圆形，较下部深入滑面以下的长度应不小于全桩长的 1/4，平面上多沿垂直滑动方向成排布置，一般沿滑体前缘或中下部布置单排或两排。桩的排数、每排根数、每根长度、断面尺寸等均应视具体滑坡情况而定（图 5-13）。

锚固工程也是近 20 年来发展起来的新型抗滑加固工程，包括锚杆加固和锚索加固。通过对锚杆或锚索预加应力，增大了垂直滑动面的法向压应力，增加了滑动面抗剪强度，从而阻止滑坡发生（图 5－14）。

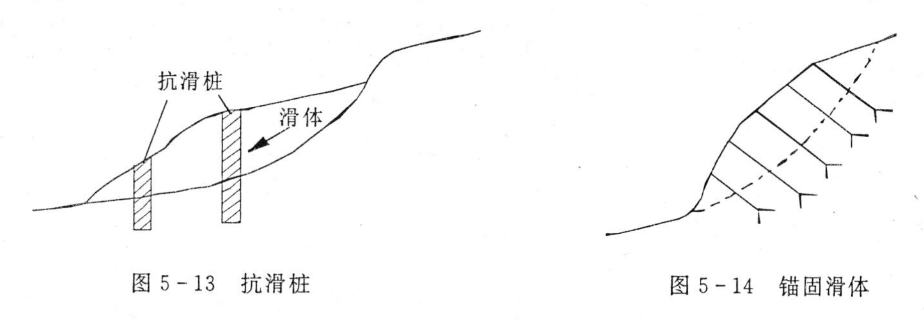

图 5－13　抗滑桩　　　图 5－14　锚固滑体

（三）改善滑动带岩土性质

改善滑动面或滑动带岩土性质的目的是增加滑动面的抗剪强度，达到治理滑坡的要求。一般采用焙烧法、爆破灌浆法等物理化学方法对滑坡进行整治。由于滑坡成因复杂、影响因素多，因此常常需要上述几种方法同时使用、综合治理，方能达到目的。

二、滑坡监测与预测预报

（一）滑坡监测

1. 滑坡的动态监测

包括监测坡体的水平位移和累积位移，掌握坡体变形情况，进行滑坡位移观测；监测滑坡体地下水位是否有明显变化，进行滑坡水文观测。

2. 滑坡的精确监测

20 世纪 70 年代初，人们开始用钻孔垂球观测法测量滑动面位置，虽然方法很简单但很实用，可靠性比较高，一直用到现在。

首先在主滑断面上打钻孔 3～5 个，穿过推测深层滑动面 2m 以上，用工程 PVC 管护壁，管外壁与孔壁之间隙用粗砂、细砾石填实，然后从孔口放入下端系着垂球的测绳，测下垂球下到底的深度。

以后定期观测，将测绳往孔口提，一旦滑坡蠕变滑移，滑动面联通，滑动面处就会出现剪切变形，带球的观测绳提到滑动面位置就卡住，可认定垂球被卡的位置是滑动面；如果从孔口再放入一个垂球的测绳，下到孔口某深度处就停止了，看下方的深度与上提的深度之和是否为以前打的孔深，若相差 1m 以内应视为同一滑动面（带）位置，若相差 2m 以上可认为有上下两个滑动面。

（二）滑坡预测预报

滑坡预报是指滑坡发生的可能性已经确认，预先向相关部门和群众通报某个地方在某时段内可能发生滑坡的信息。按滑坡可能性发展的长短，分为滑坡长期、中期和短期预报。

（1）滑坡长期预报（3 年以上）。使人们有个思想准备，必要时可做一些监测工作。

（2）滑坡中期预报（1～3 年）。主管部门应组织危险区内的人们做好抢险预警和必要的物资备用，有条件、有资金投入的，可做必要的防治工程，阻止滑坡滑动，或对滑体上的住房采取避险搬迁等措施。

（3）滑坡短期预报（3 个月～1 年）。滑坡待其预报发生后，就应立即启动抢险救灾预案，在临时避险地搭建简易房子。将能搬动的物品迁出危险区，确定撤离线路。

在滑坡形成过程中，地表会出现变形开裂，地表变形开裂按其特征可分为微裂变形阶段、匀速裂变阶段和加速裂变阶段。地表开裂变形的观测方法很多，简易的观测方法有经纬仪法、排桩法及打钉、贴片法。

复习思考题

1. 滑坡的概念是什么？滑坡的形态要素如何识别？
2. 滑坡如何分类？
3. 滑坡是如何发生的，其稳定性如何判断？
4. 滑坡的防治方法有哪些？

第六章　危岩与崩塌

第一节　危岩与崩塌概述

一、基本概念

陡坡或悬崖上，被裂隙分割可能失稳的岩体，称为危岩（体）（图 6－1）。危岩（体）在自重等作用下脱离母体，突然猛烈地由高处下落的现象称为崩塌。规模巨大岩体的崩塌也称为山崩。由于风化作用，破碎岩体经常发生小块坠落的现象称为碎落。一些较大岩块的零星崩落称为落石。经常发生崩塌的山坡坡脚，由于崩落物的不断堆积，就会形成岩堆。

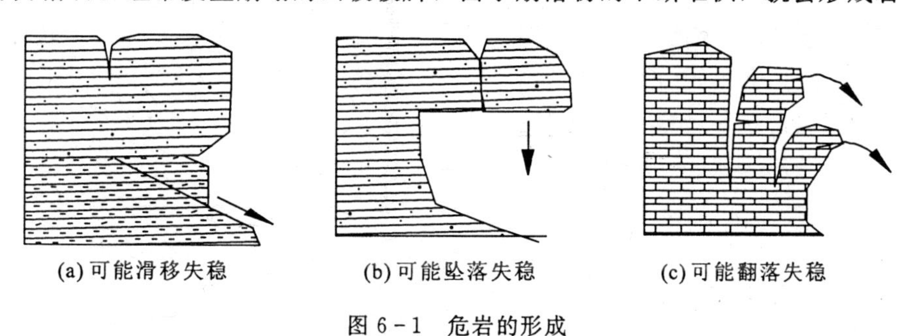

图 6－1　危岩的形成

二、危岩与崩塌分类

崩塌与危岩分类方式较多，按危岩体的物质组成，可分为土崩和岩崩两大类；按危岩下落方式，崩塌可以分为剥落、坠落和崩落三种类型。目前工程上的主要分类方式见表 6－1。

三、危岩与崩塌形成的条件

崩塌最大的特点就是发生的突然性，但是它也有一定形成的条件。现分析如下。

（一）地形地貌条件

险峻陡峭的山坡是产生危岩的基本条件，易发生崩塌的山坡坡度一般大于 45°，而以 55°～75°者居多。

（二）岩性条件

节理发达的块状或层状岩石，如石灰岩、花岗岩、砂岩、页岩等均可形成危岩。厚层硬岩覆盖在软弱岩层之上的陡壁最易形成危岩，如图 6－2 所示。

（三）构造条件

如果斜坡岩层或岩体完整性好，就不易形成危岩。当斜坡受到各种结构面如岩层层面、

表 6-1　危岩（崩塌）分类

划分依据	类型	分类特征说明
危岩体体积（万 m^3）	小型危岩	＜1
	中型危岩	1～10
	大型危岩	10～100
	特大型危岩	＞100
破坏方式	滑移式崩塌	危岩沿软弱面滑移，于陡崖（坡）处塌落
	倾倒式崩塌	危岩转动倾倒塌落
	坠落式崩塌	悬空或悬挑式岩块拉断、折断塌落
危岩体顶端距陡崖（坡）脚高度（m）	低位危岩	≤15
	中位危岩	15～50
	高位危岩	50～100
	特高位危岩	＞100

断层面及裂隙面等切割，削弱了岩体内部的联结，尤其是软弱夹层倾向临空面且倾角较陡时，往往会构成危岩的依附面，为产生崩塌创造了条件。

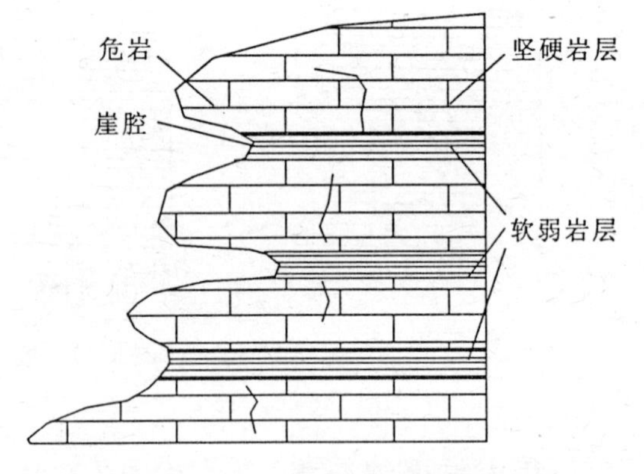

图 6-2　危岩形成的岩性条件

（四）其他条件

1. 降雨和地下水的影响

大规模的崩塌多发生在暴雨或久雨之后。地下水和雨水联合作用，使斜坡上的潜在危岩体更易于失稳。其作用主要表现为：①充满裂隙中的水及其流动对潜在危岩体产生静水压力和动水压力；②裂隙充填物在水的浸泡下抗剪强度大大降低；③充满裂隙的水对潜在危岩体产生向上的浮托力；④稳定岩体两侧裂隙中的水降低了它和稳定岩体之间的摩擦力；⑤水流冲刷坡脚，削弱了坡体支撑能力，使山坡上部失去稳定。

2. 地震的影响

由于地震时地壳的强烈振动，使斜坡岩体突然承受巨大的惯性荷载，一方面使斜坡岩体中各种结构面的强度降低；同时，因为水平地震力的作用，斜坡岩体的稳定性也大大降低，从而导致崩塌。因此大规模的崩塌往往发生在强震之后。

3. 风化作用对危岩的影响

斜坡上的岩体在各种风化应力的长期作用下，其强度和稳定性不断降低，最后导致崩塌。风化作用对危岩与崩塌的影响主要表现在以下几个方面。

（1）在斜坡坡度、高度等条件相同时，岩石的风化程度越高，岩体就越破碎，发生崩塌的可能性越大。

（2）斜坡上不同岩体的差异风化，使岩体局部悬空，加速危岩的形成。

（3）陡坡上有倾向临空面的结构面，当其发生泥化作用或被风化物充填时，将促进不稳定岩体崩塌；高陡的人工边坡如果切割了原山坡的风化壳，可能引起风化壳沿完整岩体表面发生崩塌。

4. 人为因素

若在山坡上部增加荷重、切割山坡下部、大规模的爆破振动等也可能形成危岩与崩塌。例如，公路路堑开挖过深、边坡过陡，或者由于切坡使软弱结构面临空，都会使边坡上部岩体失去支撑，从而引起崩塌。

第二节　危岩稳定性评价与防治

一、危岩稳定性评价

（一）稳定性评价

1. 定性评价

主要运用工程地质类比法，对危岩体形态、地形坡度、崖腔深度、岩体结构，结构面分布、产状、闭合、填充及变形等情况进行调查，并与附近崩塌区已有危岩或崩塌体对比，判断产生崩塌的可能性及其破坏力。

2. 定量计算

在分析可能产生崩塌的危岩体受力情况下，运用块体平衡理论对危岩体抗力（矩）与作用力（矩）进行计算，在此基础上求得危岩体抗力（矩）与作用力（矩）的比值，即为危岩体的稳定系数。荷载主要考虑危岩的自重、裂隙水压力和地震力。

根据危岩体的不同破坏模型，选择适当的方法进行稳定性验算。

（1）滑移式危岩。滑移式危岩的滑动面有平面、弧形面、楔形双滑面三种，这类危岩崩塌的关键在于危岩的破坏是否沿潜在滑面滑移（图 6－3）。因此，可进行滑坡稳定性的验算，按后缘是否有陡倾裂隙，其计算方法又有所不同。

（2）倾倒式危岩。倾倒式危岩的基本图示如图 6－4 所示。从该图可以看出，不稳定岩体的上下各部分和稳定岩体之间均有裂隙分开，一旦发生倾倒将以 A 点为转点发生转动，稳定性验算时应考虑各种附加力的最不利组合。在雨季张开的裂隙可能被暴雨充满，应考虑静水压力；Ⅵ度以上地震区，应考虑水平地震力的作用。

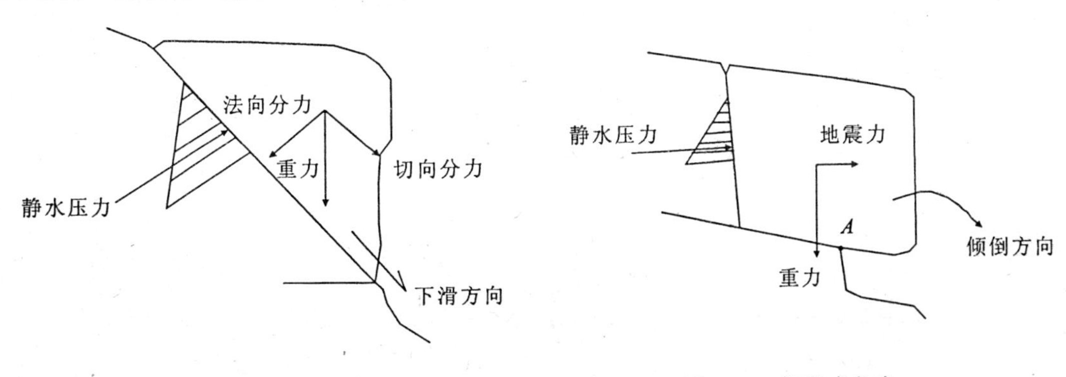

图 6－3　滑移式危岩　　图 6－4　倾倒式危岩

(3) 坠落式危岩。坠落式危岩的典型情况如图 6-5 所示。以悬臂梁形式突出的岩体，在 AC 面上承受最大的弯矩和剪力，在层顶部受拉应力，底部受压力，A 点附近拉应力最大。通常拉应力主要集中在尚未裂开的部位，一旦拉应力超过岩石的抗拉强度时，上部突出的岩体就会发生崩塌。这类危岩崩塌的关键是最大弯矩截面 AC 上的拉应力是否超过岩石的抗拉强度，故可以用拉应力与岩石的抗拉强度的比值进行稳定性验算。

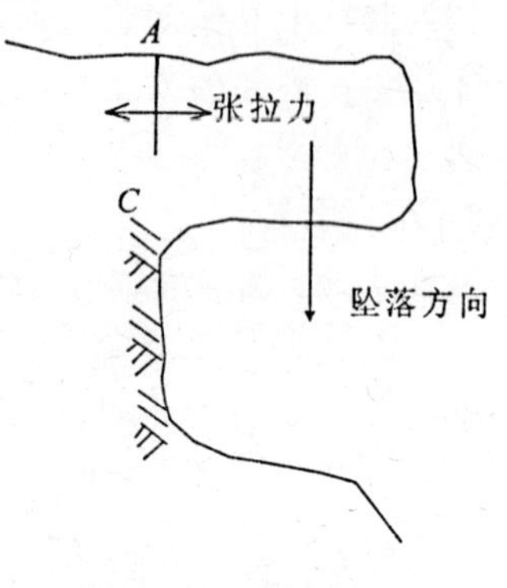

图 6-5　坠落式危岩

(二) 稳定性标准

危岩稳定状态应根据定性分析和危岩稳定性计算结果综合确定，稳定性验算按表 6-2 进行判定。

表 6-2　危岩稳定状态

危岩类型	危岩稳定状态			
	不稳定	欠稳定	基本稳定	稳定
滑移式危岩	$F<1.0$	$1.00\leqslant F<1.15$	$1.15\leqslant F<F_t$	$F\geqslant F_t$
倾倒式危岩	$F<1.0$	$1.00\leqslant F<1.25$	$1.25\leqslant F<F_t$	$F\geqslant F_t$
坠落式危岩	$F<1.0$	$1.00\leqslant F<1.35$	$1.35\leqslant F<F_t$	$F\geqslant F_t$

注：F_t 为危岩稳定性安全系数；F 为危岩稳定性系数。

二、动能与落点预测

(一) 动能预测

崩塌运动学特征的研究，对进一步研究它的破坏力和制定防治对策有一定意义。这里主要讨论两个问题，即崩塌块体的破坏力（能量）有多大？崩落有多远？

崩塌运动的特点是其质点位移矢量中垂直分量大大超过水平分量（图 6-6），而且崩塌体完全与母体脱离。在悬崖峭壁的情况下，块体位移服从自由落体运动规律，则运动速度为：

$$v=\sqrt{2gH} \tag{6-1}$$

式中：H——峭壁的高度。

但事实上，经常的情况是坡角小于 90°，若是单一斜坡，则运动速度为：

$$v=\sqrt{2gH\left(1-K\text{ctg}\alpha\right)} \tag{6-2}$$

式中：g——重力加速度；

H——坡高；

α——坡角；

K——决定于石块大小、形状、岩石性质、石块运动状况等的综合影响系数，一般采取现场实验统计方法取得。

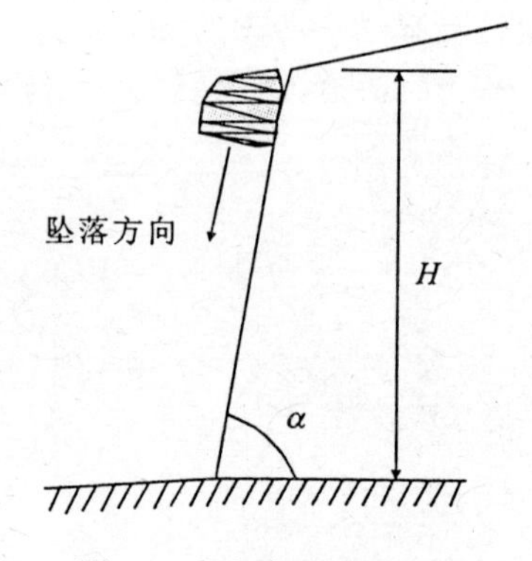

图 6-6　危岩下落示意图

需要指出的是，大型山崩在崩塌过程中，位移体附近的空气因承受临时压缩而产生气垫效应，其实际运动速度将会大于理论计算值。

运动速度获得后，即可求得其动能大小（破坏力大小）。崩塌块体沿斜坡运动的主要形式是跳跃和滚动。如果崩塌块体为跳跃形式，则其动能为：

$$E=\frac{1}{2}mv^2 \tag{6-3}$$

如果崩塌块体为滚动形式，则其动能为：

$$E=\frac{1}{2}mv^2+\frac{1}{2}I\omega^2 \tag{6-4}$$

式中：m——崩塌块体的质量；

v——块体具有的线速度；

I——块体具有的转动惯量；

ω——块体具有的角速度。

（二）落点预测

由于各种因素的制约，崩塌的运动过程是相当复杂的，所以其运动学特征最好通过实验观测来确定。当质点运动呈跳跃运动时，轨迹方程可按向下抛物体的运动规律进行推导（图 6－7），然后求得崩塌块体的落点，为设防范围提供依据。

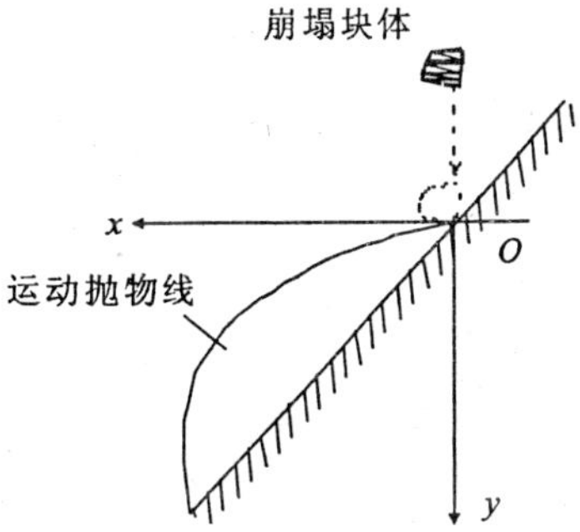

图 6－7　崩塌块体的跳跃坠落

三、危岩与崩塌防治

在采取防治措施之前，必须首先查清崩塌形成的条件和直接诱发的原因，有针对性地采取防治措施。常用的防治措施有如下几种。

（一）清除危岩体

对于规模小、危险性大的危岩体可采用爆破或开挖的方法全部清除，消除隐患。对于难以全部清除的危岩体，可以将其上部岩土体部分清除，降低临空面高度，减小坡度和减轻上部荷载，提高坡体的稳定性。

（二）防护工程

如在坡面采用喷浆、抹面、砌石铺盖等，崖腔采用填充措施进行防治，以防止软弱岩层进一步风化；对于裂隙可采用灌浆、勾缝、镶嵌、锚栓以恢复和增强岩体的完整性。

（三）支撑加固

采用锚杆、锚索、抗滑桩或挡土墙等支挡结构加固危岩体，或在危岩的下部采用支撑墩、支撑墙等支撑措施［图 6－8（a）］。

（四）拦挡工程

当线路工程或建筑物与坡脚有足够距离时，可在坡脚或半坡设置落石平台、落石网、落石槽、拦石堤、挡石墙或拦石网［图 6－8（b）］，以拦截危岩崩塌体的冲击。

（五）遮挡工程

在危岩下方修筑明洞、棚洞等遮挡建筑物使线路通过［图 6－8（c）］。

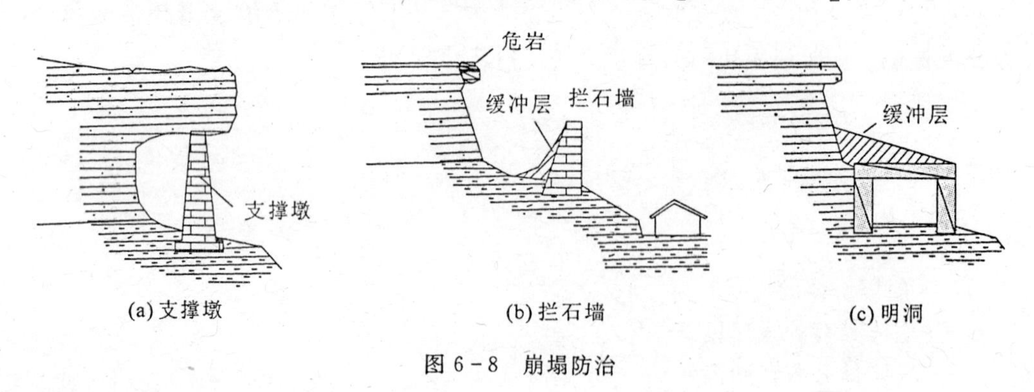

(a) 支撑墩　(b) 拦石墙　(c) 明洞

图 6－8　崩塌防治

（六）排水防渗

该防治措施有修筑截水沟，堵塞裂隙，封底加固附近的灌溉引水、排水沟渠等，防止水流大量渗入岩体而恶化斜坡的稳定性。

复习思考题

1. 危岩与崩塌的形成条件有哪些？
2. 如何进行危岩的稳定性评价？
3. 危岩与崩塌有哪些防治措施？

第七章　泥石流

第一节　泥石流概述

一、泥石流基本概念

泥石流是一种由泥沙、石块等松散碎屑物质和水组成的流体。泥石流与一般洪水不同，它暴发时，山谷雷鸣，地面振动，浓稠的流体沿着陡峻的山势或峡谷深涧，前阻后拥，冲出山外，往往顷刻之间给人类造成巨大的灾难。

泥石流是发生在山区的一种含有大量泥沙和石块的暂时性沟谷急水流。我国不少山区都发育有泥石流，但各地的叫法颇不一致，如有些地方称“山洪”，西北地区称为“流泥”、“流石”或“山洪急流”，华北和东北山区称为“龙扒”、“水泡”或“石洪”，川滇山区称为“走龙”或“走蛟”等。

泥石流具有以下三个基本性质，并以此与携沙水流和滑坡相区分。

(1) 泥石流具有土体的结构性，即具有一定的抗剪强度（τ_0），而携沙水流的抗剪强度等于零或接近于零。

(2) 泥石流具有水体的流动性，即泥石流与沟床面之间没有截然的破裂面，只有泥浆润滑面，从润滑面向上有一层流速逐渐增加的梯度层；而滑坡体与滑床之间有一破裂面，流速梯度等于零或趋近于零。

(3) 泥石流一般发生在山地沟谷区，具有较大的流动坡降。

二、泥石流的形成条件

泥石流的形成条件为：地表有大量的松散固体物质；有充足的水源条件和特定的地貌条件。

（一）碎屑固体物源条件

某一山区能作为泥石流中固体物质的松散土层的多少，与地区的地质构造，地层岩性，地震活动强度，山坡高陡程度，滑坡、崩塌等地质现象发育程度以及人类工程活动强度等有直接关系。

1. 与地质构造和地震活动强度的关系

地质构造复杂的地区，特别是规模大、现今活动性强的断层带，常成为泥石流最发育的地区。如我国西部的安宁河断裂带、小江断裂带、波密断裂带、白龙江断裂带、怒江断裂带、澜沧江断裂带、金沙江断裂带等，成为我国泥石流分布密度最高、规模最大的地带。

2. 与地层岩性的关系

地层岩性与泥石流固体物源的关系，主要反映在岩石的抗风化和抗侵蚀能力的强弱上。一般软弱岩性层、胶结成岩作用差的岩性层和软硬相间的岩性层比岩性均一和坚硬的岩性层易遭受破坏，提供的松散物质也多，反之亦然。如长江三峡地区的中三叠统巴东组，为泥岩类和灰炭类互层，是巴东组分布区泥石流相对发育的重要原因；安宁河谷侏罗纪砂岩、泥岩地层是该流域泥石流中固体物质的主要来源。

除上述地质构造和地层岩性与泥石流固体物源的丰度有直接关系外，当山高坡陡时，斜坡岩体卸荷裂隙发育，坡脚多有崩坡积土层分布；地区滑坡、崩塌、倒石锥、冰川堆积等现象越发育，松散土层也就越多；人类工程活动越强烈，人工堆积的松散层也就越多，如采矿弃渣、基本建设开挖弃土、砍伐森林造成严重水土流失等。这些均可为泥石流发育提供丰富的固体物源。

（二）地形地貌条件

地形地貌条件制约着泥石流形成、运动和规模等特征，它主要包括泥石流的沟谷形态、集水面积、沟坡坡度、斜坡坡向和沟床纵坡降等。

1. 沟谷形态

典型泥石流分为形成、流通、堆积三个区，沟谷也相应具备三种不同形态（图7-1）。上游形成区多呈三面环山、一面出口状、漏斗状或树叶状，地势比较开阔，周围山高坡陡，植被生长不良，有利于水和碎屑固体物质聚集；中游流通区多为狭窄陡深的峡谷，沟床纵坡降大，使泥石流能够迅猛直泻；下游堆积区为开阔平坦的山前平原或较宽阔的河谷，使碎屑固体物质有堆积场地。

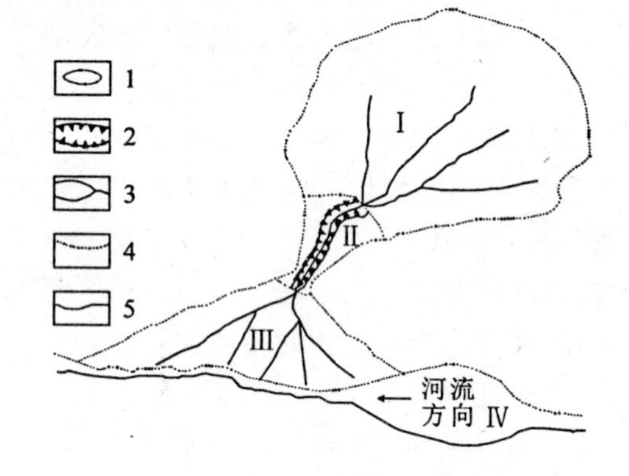

图7-1 典型泥石流流域示意图

1. 分区界限；2. 峡谷；3. 流域界限；4. 有水沟床；5. 无水沟床；Ⅰ. 泥石流形成区；Ⅱ. 泥石流流通区；Ⅲ. 泥石流堆积区；Ⅳ. 泥石流堵塞大河形成的湖

2. 沟床纵坡降

沟床纵坡降是影响泥石流形成、运动特征的主要因素。一般来讲，沟床纵坡降越大，越有利于泥石流的发生，但比降在10%～30%的发生频率最高，5%～10%和30%～40%的其次，其余发生频率较低。

3. 沟坡坡度

坡面地形是泥石流固体物质的主要源地之一，其作用是为泥石流直接提供固体物质。沟坡坡度是影响泥石流的固体物质的补给方式、数量和泥石流规模的主要因素。一般有利于提供固体物质的沟谷坡度，在我国东部中低山区为10°～30°，固体物质的补给方式主要是滑坡和坡洪堆积土层；在西部高中山区多为30°～70°，固体物质的补给方式主要是滑坡、崩塌和岩屑流。

4. 集水面积

泥石流多形成在集水面积较小的沟谷，面积为0.5～10km^{2}者最易产生，小于0.5km^{2}和10～50km^{2}其次，发生在汇水面积大于50km^{2}以上者较少。

5. 斜坡坡向

斜坡坡向对泥石流的形成、分布和活动强度也有一定影响。阳坡和阴坡比较，阳坡上降水量较多，冰雪消融快，植被生长茂盛，岩石风化速度快、程度高等有利条件，故一般比阴坡发育。如我国东西走向的秦岭和喜马拉雅山的南坡上产生的泥石流比北坡要多得多。

（三）水源条件

水既是泥石流的重要组成成分，又是泥石流的激发条件和搬运介质。泥石流发生的水源条件有降雨、冰雪融水和水库（堰塞湖）溃决溢水等。

1. 降雨

降雨是我国大部分泥石流形成的水源，主要有云南、四川、重庆、西藏、陕西、青海、新疆、北京、河北、辽宁等地区。我国大部分地区降水充沛，并且具有降雨集中、多暴雨和特别大暴雨的特点，这对泥石流的形成起到了重要的作用。特大暴雨是促使泥石流暴发的主要动力条件。处于停歇期的泥石流沟，在特大暴雨激发下，会有重新复活的可能性。

2. 冰雪融水

冰雪融水是青藏高原现代冰川和季节性积雪地区泥石流形成的主要水源。特别是受海洋性气候影响的喜马拉雅山、唐古拉山和横断山脉等地的冰川，其活动性强，年积累量和消融量大，冰温接近融点，消融后可为泥石流提供充足的水源。当夏季冰川融水过多，涌入冰湖，造成冰湖溃决溢水而形成泥石流或水石流更为常见。

3. 水库（堰塞湖）溃决溢水

当水库溃决，大量库水倾泄，而且下游又存在丰富松散堆积土时，常形成泥石流或水石流。特别是形成的堰塞湖溃决时，更易形成泥石流或水石流。

地形陡峻、沟谷坡降大的地貌条件不仅给泥石流的发生提供了动力条件，而且在陡峭的山坡上植被难以生长，在暴雨作用下，极易发生崩塌或滑坡，从而为泥石流提供了丰富的固体物质。如我国云南省东川区的蒋家沟泥石流，就明显具有上述特点。

泥石流的规模和类型受许多种因素的制约，除上述三种主要因素外，地震、火山喷发和人类活动都有可能成为泥石流发生的触发因素，而引发破坏性极强的自然灾害。

第二节　泥石流特征及其分类

一、泥石流特征

从运动角度来看，泥石流是水、泥沙和石块组成的特殊流体，属于一种块体滑动与携沙水流运动之间的颗粒剪切流。因此，泥石流具有特殊的流态、流速、流量及运动特征。

1. 流态特征

泥石流是固相、液相混合流体，随着物质组成及稠度的不同，其流态也发生变化。细颗粒物质少的稀性泥石流，其流体容重低、黏度小、浮托力弱，呈多相不等速紊流运动的石块流速比泥砂和浆体流速小，石块呈翻滚、跃移状运动。这种泥石流的流向不固定，容易改道漫流，有股流、散流和潜流现象。

含细颗粒多的黏性泥石流，其流体容重高、黏度大、浮托力强，具有等速整体运动及阵性流动的特点。各种大小的颗粒无垂直交换分选现象。石块呈悬浮状态或滚动状态运动。泥石流流路集中，不易分散，停积时堆积物无分选性，并保持流动时的整体结构特征。

2. 流速、流量特征

泥石流流速不仅受地形控制，还受流体内外阻力的影响。由于泥石流携带较多的固体物质，自身消耗动能大，故其流速小于洪水流速。稀性泥石流流经的沟槽一般粗糙度比较大，故流速偏小。黏性泥石流含黏土颗粒多，颗粒间黏聚力大，整体性强，惯性作用大，故与稀性泥石流相比，其流速相对较大。

泥石流流量过程线与降水过程线相对应，常呈多峰型。暴雨强度大、降雨时间长，则泥石流流量大；若泥石流沟槽弯曲，易发生堵塞现象，则泥石流阵流间歇时间长、物质积累多、崩溃后积累的阵流流量大。

泥石流流量沿流程是有变化的，在形成区流量逐步增大，流通区较稳定，堆积区的流量则沿程逐渐减少。

3. 泥石流的直进性和爬高性

与洪水相比，泥石流具有强烈的直进性和冲击力。泥石流黏稠度越大，运动惯性也越大，直进性就越强；颗粒越粗大，冲击力就越强。因此，泥石流在急转弯的沟岸或遇到阻碍物时，常出现冲击爬高现象。在弯道处泥石流经常越过沟岸，摧毁障碍物，有时甚至截弯取直。

4. 泥石流漫流改道

泥石流冲出沟口后，由于地形突然开阔，坡度变缓，因而其流速减小，携带物质逐渐堆积下来。但由于泥石流运动具有直进性的特点，首先形成正对沟口的堆积扇，从轴部逐渐向两翼漫流堆积；待两翼淤高后，主流又回到轴部，如此反复，形成支岔密布的泥石流堆积扇。

5. 泥石流的周期性

在同一个地区，由于暴雨的季节性变化以及地震活动等因素的周期性变化，泥石流的发生、发展也呈现出周期性变化的规律。

泥石流的运动模式主要取决于其物质组成。黏粒的性质与含量决定着泥浆的结构、浓度、强度、黏性和运动状态。吴积善等（1993）按黏粒含量变化，将泥石流运动模式划分为塑性蠕动流、黏性阵流、阵性连续流和稀性连续流，它们的运动机理各不相同。

二、泥石流分类

泥石流的分类方法很多，其分类依据主要是泥石流的形成环境、流域特征和流体性质等，各种分类都从不同的侧面反映了泥石流的某些特征。尽管分类原则、指标和命名等各不相同，但每一种分类方案均具有一定的科学性和实用性。以下是几种主要的分类方案。

（一）根据环境对泥石流的分类

泥石流具有地带性分布规律，环境条件对泥石流的发生、发展有着重大影响。泥石流的环境特征在一定程度上决定或影响着泥石流的组构、性质、规模、频率和危害程度等。

从全球范围看，可将泥石流分为陆地泥石流和水下泥石流两大类。按形成条件，陆地泥石流又有地带性泥石流和非地带性泥石流之分。由地带性因素形成雨水泥石流和融水泥石流；非地带性因素形成地震泥石流、火山泥石流、崩塌泥石流、滑坡泥石流、溃决泥石流和人为泥石流等，非地带性泥石流主要分布于地壳强烈隆起的山区或人类活动较强烈的地区。

（二）按泥石流成因分类

人们往往根据起主导作用的泥石流形成条件来命名泥石流的成因类型。在我国，科学工作者将泥石流划分为冰川型泥石流、降雨型泥石流和共生型泥石流。

(1) 冰川型泥石流。指分布在高山冰川积雪盘踞的山区，其形成、发展与冰川发育过程密切相关的一类泥石流。它们是在冰川的前进与后退、冰雪的积累与消融，以及与此相伴生的冰崩、雪崩、冰碛湖溃决等动力作用下所产生的，又可分为冰雪消融型、冰雪消融及降雨混合型、冰崩-雪崩型及冰湖溃决型等亚类。

(2) 降雨型泥石流。指在非冰川地区，以降雨为水体来源，以不同的松散堆积物为固体物质补给来源的一类泥石流。根据降雨方式的不同，降雨型泥石流又分为暴雨型、台风雨型和降雨型三个亚类。

(3) 共生型泥石流。它是一种特殊的成因类型。根据共生作用的方式，它包括滑坡型泥石流、山崩型泥石流、湖岸溃决型泥石流、地震型泥石流和火山型泥石流等亚类。由于人类不合理的经济、工程活动而形成的泥石流，称为人类泥石流，也是一种特殊的共生型泥石流。

（三）按泥石流体的物质组成分类

(1) 泥石流。它是由浆体和石块共同组成的特殊流体，其固体成分从粒径小于0.005mm的黏土粉砂到粒径为几米至二十几米的大漂砾不等。它的级配范围之大是其他类型的携沙水流所无法比拟的。这类泥石流在我国山区的分布范围比较广泛，对山区的经济建设和国防建设危害十分严重。

(2) 泥流。指发育在我国黄土高原地区，以细粒泥石流为主要固体成分的泥质流。泥流中黏粒含量大于石质山区的泥石流，黏粒质量比可达15%以上。泥流含少量碎石、岩屑，黏度大，呈稠泥状，结构比泥石流更为明显。我国黄河中游地区干流和支流中的泥沙，大多来自这些泥流沟。

(3) 水石流。指发育在大理岩、白云岩、石灰岩、砾岩或部分花岗岩山区，由水和粗砂、砾石、大漂砾组成的特殊流体，其黏粒含量小于泥石流和泥流。水石流的性质和其形成，类似于山洪。

（四）按泥石流流体性质分类

(1) 黏性泥石流。指呈层流状态，固体和液体物质做整体运动，无垂直交换的高容重（$1.6\sim2.3t/m^3$）浓稠浆体。其承浮和托悬力大，能使密度大于浆体的巨大石块或漂砾呈悬移状（在特殊情况下，人体也可被托浮悬移，1939年7月四川汉源流沙河泥石流曾将一位老人浮运1.3km），有时滚动，流体阵性明显，有堵塞、断流和浪头现象；流体直进性强、转向性弱、遇弯道爬高明显、沿程渗漏不明显。沉积后呈舌状堆积，剖面中一次沉积物的层次不明显，但各层之间层次分明；沉积物分选性差，渗水性弱，洪水后不易干涸。

(2) 稀性泥石流。指呈紊流状态，固液两相做不等速运动，有垂直交换，石块在其中作翻滚或跃移前进的低容量（$1.2\sim1.8t/m^3$）泥浆体。浆体混浊，阵性不明显，与含沙水流性质近似，有股流及散流现象。水与浆体沿程易渗漏、散失。沉积后呈垄岗状或扇状，洪水后即可干涸通行，沉积物呈松散状，有分选性。

以上是我国常见的几种泥石流分类方案，除此之外，还有另外几种按水源类型划分为降雨型、冰川型、溃坝型泥石流；按地形形态划分为沟谷型、坡面型泥石流；按泥石流沟的发育阶段划分为发展期泥石流、旺盛期泥石流、衰退期泥石流、停歇期泥石流；按泥石流的固体物质来源划分为滑坡泥石流、崩塌泥石流、沟床侵蚀泥石流、坡面侵蚀泥石流等。

第三节　泥石流的防治

泥石流场地的工程防治必须充分考虑泥石流形成条件、类型及运动特点。泥石流三个地形区段特征决定了其防治原则应当是：上、中、下游全面规划，各区段分别有所侧重，生物措施与工程措施并重。上游水源区宜采取营造水源涵养林、修建调洪水库和引水工程等削弱水动力的措施。流通区以修建减缓纵坡和拦截固体物质的拦砂坝、谷坊等构筑物为主。堆积区主要修建导流体、急流槽、排导沟、停淤场，以改变泥石流流动路径并疏排泥石流。须加注意，对稀性泥石流应以导流为主，而对黏性泥石流则应以拦挡为主。

对于大型的泥石流严重发育地段，一般绕避为好，同时应调查该地段泥石流的活动规律。

一、生物措施

主要包括保护与培育森林、灌丛和草本植物，高技术含量的农牧业技术，以及科学合理的山区土地资源开发管理措施。泥石流生物防治的主要目的是维持优化的生态平衡，减少水土流失，削减地表径流和松散固体物质补给量，以便获得生物资源的同时控制泥石流的发生。对于水土流失严重、造林措施一时难以见效的场地或地段，必须先辅以必要的工程措施，然后再进行生物防治。

营造森林是最有效的生态平衡调节措施之一。它包括水源涵养林、水上保持林、护床防冲林和护堤固滩林四类。其中水源涵养林一般设置于泥石流形成区，旨在改良土壤，削减固体物质流失量，保护农田水利设施，以及调节气候、美化环境和促进生态良性循环。

二、工程措施

（一）治水工程

治水工程一般修建于泥石流形成区上游，其类型包括调洪水库、截水沟、蓄水池、泄洪隧洞和引水渠等。它的作用主要是调节洪水，也即拦截部分或大部分洪水，削减洪峰，减弱泥石流暴发的水动力条件。同时，利用这类工程还可灌溉农田、发电或供给生活用水。

（二）治土工程

治土工程的主要目的是减弱松散固体物质来量，促使泥石流衰退并走向衰亡。常见类型有以下几种。

1. 拦挡工程

拦挡工程通常指拦砂坝、谷坊坝，人们将建于主沟内规模较大的拦挡坝称为拦砂坝，而将无常流水的支沟内规模较小的拦挡工程称为谷坊坝。这类工程已经广泛应用于世界各地的泥石流治理工程中，并且在综合治理中多属于主要工程或骨干工程。它们多修建于流通区内，其作用主要是拦泥滞砂、护床固坡，既可以拦截部分泥砂石块、削减泥石流的规模，尤其是高坝大库作用更为明显，又可以减缓上游沟谷的纵坡降，加大沟宽，减小泥石流的流速，从而减轻泥石流对沟岸的侧蚀、底蚀作用。

2. 支挡工程

对于沟坡、谷坡、山坡上常常存在个别的、分散的活动性滑坡、崩塌体，可采用挡土墙、护坡等支挡工程。挡土墙多修筑于坡脚，并通过合理的布置以防止水流、泥石流直接冲刷坡脚。护坡工程则主要适用于那些长期受到水流、泥石流冲蚀，而不断发生片状、碎块状剥落，或逐渐失稳的软弱岩体边坡。此外，还可在泥石流形成区上方山坡上修建能够削减坡面径流冲刷的变坡工程，以保证大范围内的山坡稳定，并可开发山地资源。如水平台阶上可以种植经济林木，而台阶之间的坡地上可以种植草皮和根系较深的乔灌木。

3. 潜坝工程

某些暴雨型泥石流的发生多是在稀遇暴雨情况下，特大洪水掏蚀沟床底部沉积物而形成的。潜坝工程就是针对这一类泥石流防治的系列化、梯级化治土工程。它多建于泥石流形成区和流通区的沟床中，坝基嵌入基岩，坝顶与沟床齐平。潜坝工程的另一辅助作用是消能，即利用坝内侧的砂石垫层，消耗泥石流过坝后的动能。

（三）排导工程

这是一类重要的治理工程，它可以直接保护下方特定的工程场地、设施或某些建筑群落。其类型包括排导沟、渡槽、急流槽、导流堤、顺水坝等，其作用主要是调整流向、防止漫流。它们多建于流通区和堆积区。

排导沟是一种以沟道形式引导泥石流顺利通过防护区段并将其排入下游主河道的常见防护工程。它多修建于山口外位于堆积区的开阔地带。其投资小、施工方便，又有立竿见影之效，因而常成为工程场地一种重要的辅助工程。

当山区公路、铁路跨越泥石流沟道时，如果泥石流规模不大，又有合适的地形，则在交叉跨越处便可修建泥石流渡槽或泥石流急流槽工程，使得泥石流能够顺利地从这些交通线路上方的渡槽、急流槽中排走。一般将设于交通线路上方、坡度相对较缓的排水设施称为渡槽，而将设于交通线路下方、坡度相对较陡的排水设施称为急流槽。泥石流渡槽的设计纵坡降要大，如果泥石流体中多含大石块，则应在渡槽上方沟内修建格栅坝，以防止大石块堵塞或砸烂渡槽。渡槽本身也要有足够的过流断面，且槽壁要高，以防止泥石流外溢。靠近主河道一侧的渡槽基础要有一定的深度，并需有一定的河岸防护措施，以免河流冲刷基础而垮塌。

当交通线路通过泥石流严重堆积区时，如果地形条件许可，则可以采用明洞形式通过，或者采用将泥石流的出口改向相邻的沟道或另辟一出口的改沟工程。

导流堤则多建于泥石流堆积扇的扇顶或山口直至沟口，其目的是为了控制泥石流的流向。它多为连续性的构筑物，包括土堤、石堤、砂石堤或混凝土堤等。顺水坝则多建于沟内，常呈不连续状，为浆砌块石或混凝土构筑物，它的主要作用是控制主流线，保护山坡坡脚免遭洪水和泥石流冲刷。导流堤往往与排导沟配套使用（图 7－2）。

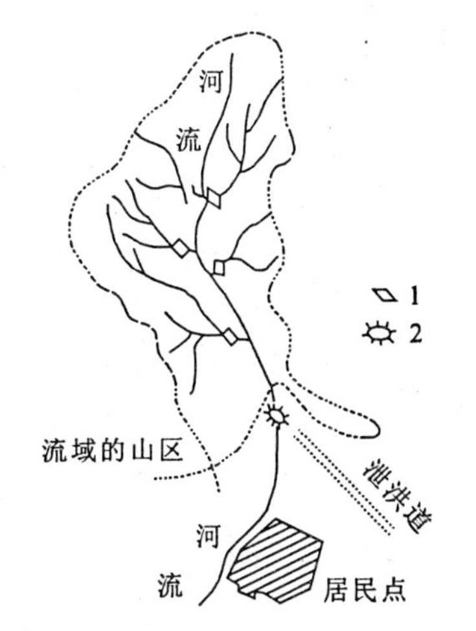

图 7－2　泥石流防治工程配套示意图

1. 格栅坝-渡槽；2. 导流堤

（四）储淤工程

储淤工程包括拦泥库和储淤场两类。拦泥库的主要作用是拦截并存放泥石流，多设置于流通区，其作用通常是有限的、临时的。储淤场则一般设置于堆积区的后缘，它是利用天然有利的地形条件，采用简易工程措施如导流堤、拦淤堤、挡泥坝、溢流堰、改沟工程等，将泥石流引向开阔平缓地带，使之停积于这一开阔地带，削减下泄的固体物质，从而有效地保护建筑场地和线路。

上述各项工程措施和生物措施，在一条泥石流沟的全流域可综合采用。在实际工作中，要注意两大类措施各自的特点。生物措施是治理泥石流的长远的根本性措施，但它见效慢，而且不能控制所有各类泥石流的发生。而工程措施则几乎能适用所有类型的泥石流防治，特别是对急待治理的泥石流，往往可有立竿见影之效，但总的来说它是治标不治本的一类工程措施。因此，泥石流防治的总体原则应当是：全面规划、突出重点，具体问题具体分析，远近兼顾，两类措施相结合，因害设防、讲求实效。图 7－3 为综合治理西昌黑沙河泥石流概况，其治理效果显著，可供其他地区泥石流治理借鉴。

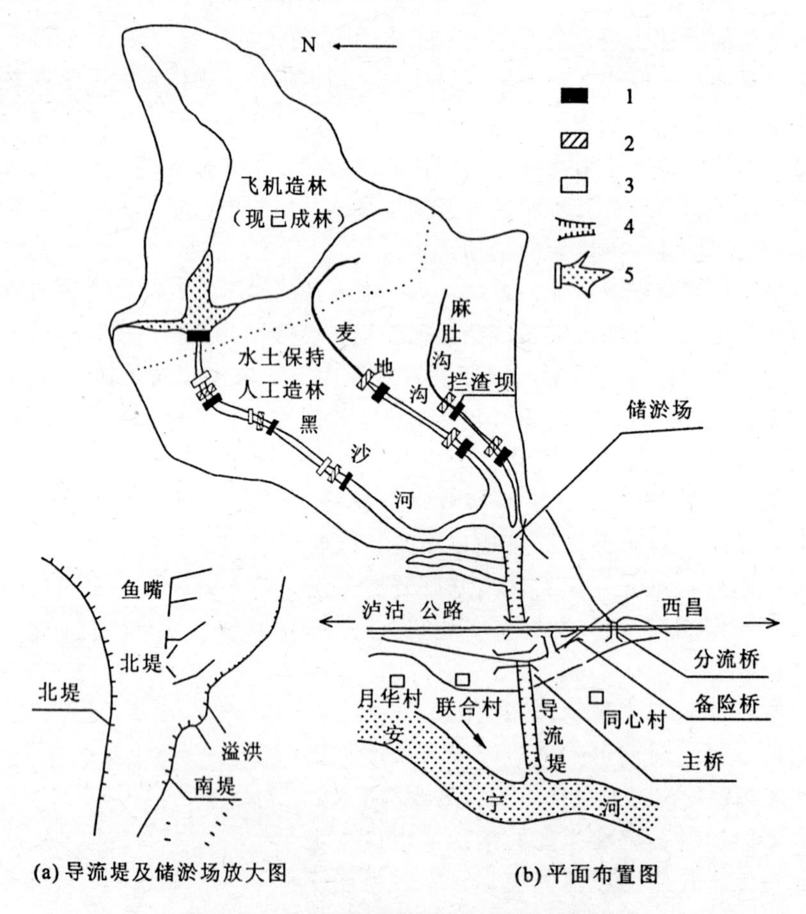

图 7－3　综合治理西昌黑沙河泥石流概况图

1. 设计第一期拦渣坝；2. 设计第二期拦渣坝；3. 设计第三期拦渣坝；4. 导流堤；5. 已竣工水库

复习思考题

1. 简述泥石流的形成条件。
2. 简述泥石流与滑坡和崩塌的区别。

3. 泥石流的主要分类方案有哪些?
4. 简述泥石流的特征。
5. 泥石流预测的主要内容与途径有哪些?
6. 简述泥石流的主要防治措施。

第八章　地震和活断层

地震是一种破坏性很强的自然灾害。据统计数据表明，全世界每年大约要发生上百万次地震，其中绝大部分是人无法感知到的，需要用高灵敏度的地震仪才能够记录下来。这些地震一般不会造成严重的人员伤亡和经济损失。而能够造成严重破坏的地震，占地震发生总量的比例很小，但造成的破坏往往是非常大的。1976 年的唐山大地震以及 2008 年的汶川大地震都造成非常严重的人员伤亡和经济损失。

第一节　地震概述

一、地震基本概念

地震是地下深处的岩层，由于某种原因突然破裂、塌陷或火山爆发等而产生振动，并以弹性波的形式传递到地表的一种自然现象。地震主要发生在近代造山运动区和地球的大断裂带上，即形成于地壳板块的边缘地带。这是由于在地壳板块的边缘地带可能因上地幔的对流运动引起地壳的缓慢位移，从而引起岩石弹性应变，当应力超过岩石的强度时就产生断裂，引起相邻岩石振动而产生地震。

（一）地震发生的特征

地震的时候，通常地面在短时间内不断震动，接着便发生剧烈振动，然后逐渐消失。地震有发生时间短但振动延续周期较长的特征。一次地震中往往有前震（即最初发生的小振动）、主震（即紧接着前震发生的激烈振动）、余震（即主震后发生的大量小地震）三个阶段。有时余震可以延续数月甚至数年。此外，地震发生的不规律性也是令地震预测较难准确的因素。

（二）震源和震中

震源是指地球深处因岩石破裂产生地壳震动的发源地。震源正对着的顶面位置称震中（图 8 - 1）。震中到地面上任一点的距离叫震中距离（简称震中距）。震中距在 100km 以内的称为地方震；在 100～1 000km 的称为近震；大于 1 000km 的称为远震。震源与地面的垂直距离称震源深度。震源一般发生在地壳的一定深度内，震源深度的下界约为 700km，震源深度发生在 70km 以内的称为浅源地震；震源位于 70～300km 范围内的称为中源地震；震源深度位于 300～700km 范围内的称为深源地震。震中及其附近的地方称为震中区，也称极震区。将在同一次地震影响下，地面上破坏程度相同各点进行连线，这条线称为等震线。

二、地震成因类型

形成地震的原因是各种各样的。地震按其成因，可分为构造地震、火山地震、陷落地震和激发地震。

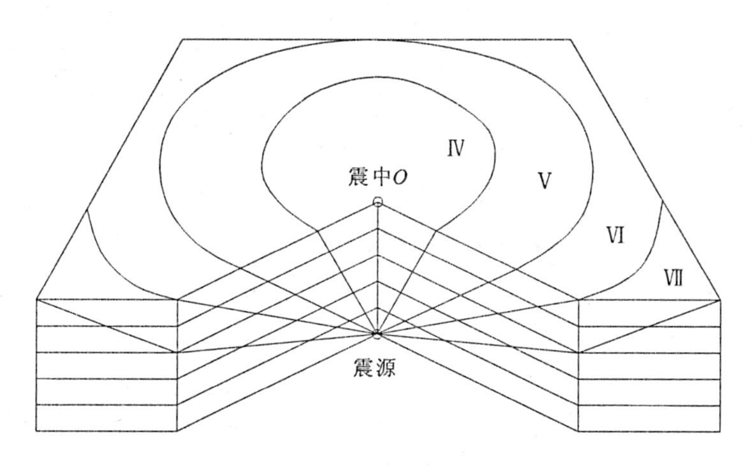

图 8-1　震源与震中示意图

（一）构造地震

由于地质构造作用所产生的地震称为构造地震。构造地震与构造运动的强弱直接有关，它分布于新生代以来地质构造运动最为剧烈的地区。构造地震是天然地震的最主要类型，约占其总数的 90%。构造地震中最为普遍的是由于地壳断裂活动而引起的地震。这种地震绝大部分都是浅源地震，由于它距地表很近，对地面的影响最显著，具有传播范围广、振动时间长的特点，一些巨大的破坏性地震都属于这种类型。

（二）火山地震

由于火山喷发和火山下面岩浆活动而产生的地面振动称为火山地震。在世界一些大火山带都能观测到与火山活动有关的地震。此类地震的影响范围有限，破坏强度较低，而且其最大特点是有比较明显的征兆，即火山爆发。

（三）陷落地震

由于洞穴塌陷、地层陷落、山体崩塌等原因发生的地震，称为陷落地震。这种地震能量小，影响范围也小，发生次数也很少，仅占地震总数的 5%。

（四）人工触发地震

由于人类在自然界进行工程建设而造成岩层变形乃至断裂从而引发的地震称之为人工触发地震。属于这种类型的地震有水库地震、深井注水地震和爆破引起的地震，它们为数甚少。而是否发生此类地震的主要原因取决于该地区是否存在大规模的地下断裂构造。

三、地震波及传播

地震时震源释放的应变能以弹性波的形式向四面八方传播，这就是地震波。地震波包括两种，在介质内部传播的体波和限于界面附近传播的面波。

（一）体波

体波有纵波与横波两种（图 8-2）。纵波（P 波）是由震源传出的压缩波，质点的振动方向与波的前进方向一致，一疏一密向前推进，所以又称疏密波。它周期短，振幅小，传播速度快，破坏力较小。

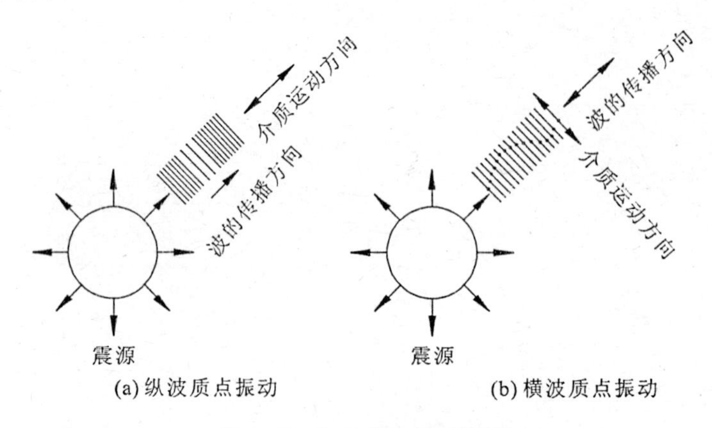

(a) 纵波质点振动　　(b) 横波质点振动

图 8-2　体波质点振动形式

横波（S 波）是由震源传出的剪切波，质点的振动方向与波的前进方向垂直，传播时介质体积不变，但形状改变，它周期较长，振幅较大，传播速度较小，为纵波速度的 0.5～0.6 倍，但破坏力较大。

（二）面波

面波是体波达到界面后激发的次生波，只是沿着地球表面或地球内的边界传播。面波向地面以下迅速消失。面波随着震源深度的增加而迅速减弱，震源越深，面波越不发育。

一般情况下，横波和面波到达时振动最强烈，建筑物破坏通常是由横波和面波造成的。由于面波的能量较大，因而造成建筑物和地表的破坏主要以面波为主。

四、震级与烈度

一次地震发生时，如何衡量其能量释放大小，以及如何进行其对建筑物的破坏程度评价是工程技术人员最为关心的，因此必须引入表示地震强度的指标。

（一）地震震级

地震震级是表示地震本身大小的尺度，是由地震所释放出来的能量大小所决定的。释放出来的能量越大则震级越大。目前国际上比较通用的是里氏震级的表示方法。震级相差一级，地震所释放的能量相差 32 倍。一次地震仅有一个震级。

（二）地震烈度

地震烈度是指某一地区的地面和各种建筑物遭受地震影响的强烈程度。

地震烈度表是划分地震烈度的标准。它主要是根据地震时地面建筑物受破坏的程度、地震现象、人的感觉等来划分制定的。我国和世界上大多数国家都是把烈度分为 12 度。地震烈度在 6 度以下的区域一般不对建筑物进行加固处理，7～8 度地区的房屋必须考虑进行相关抗震设计，而地震烈度在 10 度及以上的区域不应选择作为建筑物的建造场地。一次地震按其区域距离震中的远近不同，会有多个烈度。

（三）震级和烈度关系

震级和烈度既有联系，又有区别。震级是反映地震本身大小的等级，只与地震释放的能量有关，而烈度则表示地面受到的影响和破坏的程度。震级与烈度虽然都是地震的强烈程度指标，但烈度与工程抗震具有更为密切的关系。震级与烈度具有如表 8－1 所示的关系（丰定国，2003）。

表 8－1　震级与烈度关系

震级	<3	3	4	5	6	7	8	>8
震中烈度	1～2	3	4～5	6～7	7～8	9～10	11	12

第二节　地震破坏与影响因素

一、地震破坏作用

一次强烈地震后，大量建、构筑物和地面遭受变形破坏，变形破坏形态多种多样，极其复杂，但我们可以从破坏性质角度将其大体分为两种类型，即场地和地基破坏作用与震动破坏作用。下面对这两种破坏作用的性质、评价方法作简要介绍。

（一）场地和地基的破坏作用

1. 地面破裂

地震具有破坏性的绝大部分原因是：地震时，地壳内称为断层的某一薄弱面突然发生破裂错动，这种破裂错动有时可能直接通到地球表面。当地面破裂穿过房屋、构筑物的地基或地下管线时就会直接造成严重破坏，但这类破坏作用只能威胁恰巧位于地面破裂带上的结构物。

解决的办法是划分出可能出现的地面破裂带，不在这一地带进行建设。划分地面破裂带遇到的困难是如何确定未来地震的发震断层的位置。这些断层的位置在多数情况下完全不知道，或者只能进行很不准确的判断。不过，地面破裂虽然能造成严重后果，但它是一种极为局部的现象。此外，地面破裂也常出现于软弱的覆盖土层中，这种破裂作用不像基岩那样强大，纵然也能通过地基变形开裂使结构物破坏，但程度往往比较轻。由于对发震断层破裂面的勘察研究是相当艰巨的工作，耗资也比较大，因此在划分地面破裂危险区段时应在所需费用和可能取得的实际效果方面加以综合考虑，尽量根据已掌握的地质构造和活断层资料加以分析判断，作出合理的决策。

2. 滑坡和崩塌

滑坡具有巨大破坏力。不过，滑坡也常被非地震因素（如大雨、人工扰动等）触发，或由地震与其他因素联合触发。预防的办法仍然是划分出可能遭到滑坡袭击的区域并使地面建筑物避开这一区域。在所有地震破坏作用中，大规模的崩塌及其引起的泥石流可能是人类最不可抵御的。一个典型的例子是，1970 年 5 月 31 日秘鲁由于地震触发崩塌，从山上往下流动的土、石和冰雪混合物 $5\times10^7\mathrm{m}^3$，行进速度达 55m/s，流动距离约 15km，完全覆盖了一个村镇，至少掩埋了 18 000 人。不过，这种灾害仅在极少的地质和地形条件下才会形成。由于滑坡和崩塌现象常在同一地区可能受到其他非地震因素（如暴雨）触发而重复发生，因此常常可以根据过去滑坡和崩塌的经验划分出危险区段。在滑坡崩塌研究中，可以综合运用地质调查和遥感技术等手段加以分析和判断，因为应用航空摄影等手段，从空中常常可以清楚地看出过去滑坡和崩塌的痕迹。

3. 地基失效

在地震时地基的物理力学性质会发生变化，这可能导致地基失效，即地基土发生永久变形使地基沉降或丧失承载能力。地基失效可能造成建筑物地基破坏或其他问题，如公路、铁路或桥梁破坏。它不仅造成经济损失，而且可能严重影响震后救灾。砂土液化、软化、震陷是地基失效常见的形式。国内外震灾经验告诉我们：在地震破坏的数以万计的建筑物中，因地基失效而招致上部结构破坏的比例很小。此外，地基失效主要造成经济损失，一般不造成严重的人员伤亡。例如，1964 年日本新潟地震时，一栋 4 层钢筋混凝土公寓因地基失效完全倾倒，但其倾倒速动相当慢，屋内居民可以从倾倒房屋外墙走下来而无伤亡。场地选择和地基处理是减轻地基失效震灾的有效方法。

（二）震动破坏作用

由前述地表破坏引起的建筑物破坏，在性质上属于静力破坏，更常见的建筑物破坏是由于地震地面运动的动力作用引起的，它在性质上属于动力破坏。我国历史地震资料表明，90%左右的建筑物的破坏是地表运动的动力破坏作用所引起的。因此，对结构物动力破坏机制进行分析，是结构抗震研究的重点和结构抗震设计的基础。

建筑物的动力破坏主要表现为主体结构强度不足所形成的破坏和结构丧失整体性破坏两种形式。其中，强度破坏主要是因为结构承重构件的抗剪、抗弯、抗压等强度不足所造成，例如墙体裂缝、钢筋混凝土构件开裂或酥裂等。结构构件发生强度破坏前后，结构物一般进入弹塑性变形阶段。在这一阶段，结构物在强烈振动作用下会因为延性不足、节点连接失效、主要承重构件失稳等原因而丧失整体性，从而造成局部或整个结构的倒塌。

（三）次生灾害

地震时，水坝、煤气管道、供电线路的破坏，以及易燃、易爆、有毒物质容器的破坏，均可造成水灾、火灾、空气污染等次生灾害。例如，1995 年的日本阪神大地震，震后火灾多达 500 余起，震中区木结构房屋几乎全部烧毁。此外，地震引起的海啸，也会对海边建筑物造成巨大的破坏。

二、震害影响因素

据国内外大量宏观震害调查资料证实，在一个范围较大的场地内（例如一个城市），对震害有重大影响的工程地质条件为岩土类型和性质、断裂、地形地貌及地下水。

（一）岩土类型和性质

岩土类型和性质对宏观烈度的影响最为显著，也是当前研究得最为深入的因素。据研究，可以从岩土的软硬程度、松软土的厚度以及地层结构三个方面来考察。

一般而言，在相同的地震力作用下，基岩上震害最轻，其次为硬土，而软土是最重的。

松软沉积物厚度对震灾的影响也很明显。早在 1923 年日本关东大地震时地质学家就发现了冲击层厚度与震灾的相关性，即冲积层愈厚，木架房屋的破坏愈严重。

岩土性质和松软土厚度对震灾会产生影响，其根本原因是特征周期的作用。因为土质愈松软、厚度愈大，其特征周期愈长，所以自振周期较长的高层建筑、木架结构房屋能引起共振，加重震灾。此外，厚层软土的振动时间加长，也会使震灾加重。若地表分布有饱和细砂土、粉土和淤泥土，则会因振动液化和震陷而导致地基失效。

地层结构对震灾也有较大影响。一般情况是，下硬上软的结构震害重，而下软上硬则震害较轻。当硬土中有软土夹层时，可消减地震能量。

（二）断裂

场地内位于断裂带上的建筑物，应区分发震断裂（以及与它有联系的断裂）和非发震断裂。对发震断裂来说，当发生地震时震害总是要加重的，所以一律采取提高烈度的办法来处理。强震时，地表变形破裂，对跨越其上的建筑物来说，震害总是不可避免的，所以采取提高烈度的办法无济于事，而应在选址时避开；非发震断裂若破碎带胶结较好，则不会加重震害，所以，非发震断裂应根据断裂带岩体碎裂情况，按一般岩土对待即可，不应提高烈度。

（三）地形地貌

国内外大量宏观调查资料以及通过仪器观测、模型试验和理论分析结果，都证实场地内微地形对震害有明显影响。其规律是：孤立突出的地形震害加重，而低洼平坦的地形震害则相对减轻。例如，1974 年云南永善地震（7.1 级）时，位于一狭长山脊上的卢家湾六队房屋的破坏情况（图 8－3），与大山根部、中间鞍部和山脊端部小山丘明显不同。

局部地形地貌影响震害的实质是：孤立突出的地形使山体发生共振或地震波被多次反射，从而引起地面位移、速度和加速度加大。目前对局部地形效应的定量化评价还缺乏资料。

（四）地下水

地下水对震害影响的规律是：饱水的岩土会影响地震波的传播速度，使场地烈度增高，地下水埋深愈小，则烈度增加值愈大。地下水埋深在 1～5m 范围内影响最为明显；当地下水埋深大于 10m 时，影响就不明显了。

综上所述，场地地震效应是受多种地质因素所制约的。所以，应综合研究这些地质因素的影响，进行地震小区划，为城市规划或建筑场地布局提供防震、抗震设计的可靠依据。

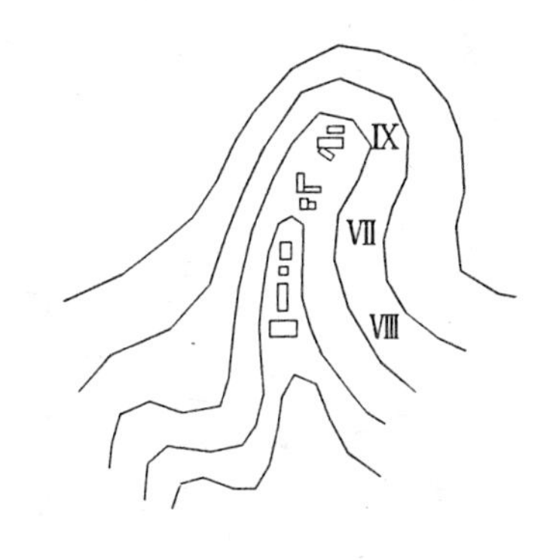

图 8－3　云南永善地震卢家湾六队地形与烈度分布示意图
（据工程力学研究所，1977）

选择建筑场地时，应划分对建筑抗震有利、一般、不利和危险的地段（表 8－2）。

表 8－2　有利、一般、不利和危险地段的划分

地段类型	地质、地形、地貌
有利地段	稳定基岩，坚硬土，开阔、平坦、密实、均匀的中硬土等
一般地段	不属于有利、不利和危险的地段
不利地段	软弱土，液化土，条带突出的山嘴，高耸孤立的山丘，陡坡，河岸和边坡的边缘，平面分布上成因、岩性、状态明显不均匀的土层（含故河道、疏松的断层破碎带、暗埋的塘滨、沟谷和半填半挖地基），高含水量的可塑黄土，地表存在结构性裂缝等
危险地段	地震时可能发生滑坡、崩塌、地陷、地裂、泥石流等的地段，发震断裂带上可能发生地表位错的部位

第三节　抗震设防及标准

一、设防目标与要求

（一）抗震设防概念

抗震设防指对工程进行抗震设计和采取抗震构造措施，以达到抗震的效果。抗震设防的依据是抗震设防烈度。抗震设防烈度是指按国家规定权限批准的作为一个地区抗震设防依据的地震烈度。按国家规定权限审批或颁发的文件（图纸）执行，一般情况下，采用国家地震局批准的地震烈度区划图所规定的基本烈度进行设防。

（二）抗震设防目标

工程抗震设防的基本目标是：在一定的经济条件下，最大限度地限制和减轻建筑物的地震破坏，保障人民生命财产的安全。为了实现这一目标，近年来，许多国家的抗震设计规范都趋向于以“小震不坏、中震可修、大震不倒”作为建筑抗震设计的基本准则。

我国对小震、中震、大震规定了具体的概率水准。对我国几个主要地震区的地震危险性分析结果表明：我国地震烈度的概率分布基本上符合于极值Ⅲ型分布。其概率密度函数曲线的基本形状如图 8-4 所示，其具体形状参数取决于设定的分析年限和地点。

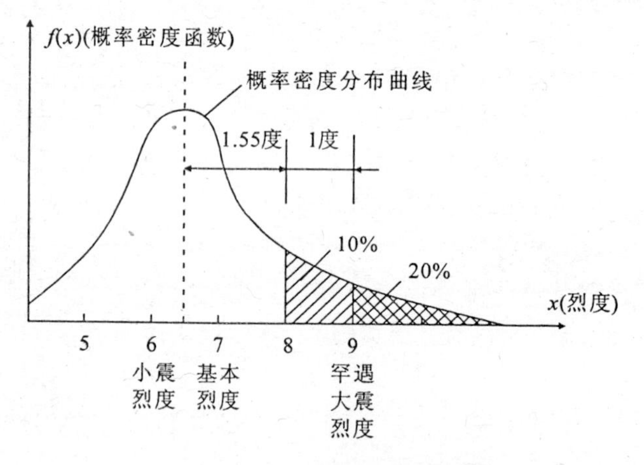

图 8-4　三种烈度及其关系

从概率意义上说，小震就是发生机会较多的地震。根据分析，当分析年限为 50 年时，上述概率密度曲线的峰值烈度所对应的被超越概率为 63.2%。因此，可以将这一峰值烈度定义为小震烈度，又称多遇地震烈度。全国地震区划图所规定的各地的基本烈度，可取为中震对应的烈度。它在 50 年内的超越概率一般为 10%。大震是罕遇的地震，它所对应的地震烈度在 50 年内的超越概率为 2%左右，这个烈度又可称为罕遇地震烈度。通过对我国 41 个城镇的地震危险性分析结果的统计分析得到：基本烈度较多遇烈度约高 1.55 度，而较罕遇烈度约低 1 度。

（三）抗震设防要求

对应于前述设计准则，我国《建筑抗震设计规范》（GB 50011—2001）明确提出了三个水准的抗震设防要求。

（1）第一水准。当遭受低于本地区设防烈度的多遇地震影响时，建筑物一般不受损坏或不需修理仍可继续使用。

（2）第二水准。当遭受相当于本地区设防烈度的地震影响时，建筑物可能损坏，但经一般修理即可恢复正常使用。

（3）第三水准。当遭受高于本地区设防烈度的罕遇地震影响时，建筑物不致倒塌或发生危及生命安全的严重破坏。

（四）抗震设计方法

在进行建筑抗震设计时，原则上应满足上述三水准的抗震设防要求。在具体做法上，我国建筑抗震设计规范采用了简化的两阶段设计方法。

（1）第一阶段设计。按多遇地震烈度对应的地震作用效应和其他荷载效应的组合验算结构构件的承载能力和结构的弹性变形。第一阶段的设计，保证了第一水准的承载力要求和变形要求。

（2）第二阶段设计。按罕遇地震烈度对应的地震作用效应验算结构的弹塑性变形。第二阶段的设计，则旨在保证结构满足第三水准的抗震设防要求。如何保证第二水准的抗震设防要求，尚在研究之中。目前一般认为，良好的抗震构造措施有助于第二水准要求的实现。

二、抗震设防标准

（一）设防建筑分类

抗震设防建筑根据其使用功能的重要性分为甲类、乙类、丙类和丁类四个抗震设防类别。对于不同使用性质的建筑物，地震破坏所造成后果的严重性是不一样的。因此，对于不同用途建筑物的抗震设防，不宜采用同一标准，而应根据其破坏后果加以区别对待。

（1）甲类建筑。指重大建筑工程和地震时可能发生严重次生灾害的建筑。这类建筑的破坏会导致严重的后果，其确定必须经国家规定的批准权限批准。

（2）乙类建筑。指地震时使用功能不能中断或需尽快恢复的建筑。例如抗震城市中生命线工程的核心建筑。城市生命线工程一般包括供水、供电、交通、消防、通讯、救护、供气、供热等系统。

（3）丙类建筑。指一般建筑，包括除甲、乙、丁类建筑以外的一般工业与民用建筑。

（4）丁类建筑。指次要建筑，包括一般的仓库、人员较少的辅助建筑物等。

（二）抗震设防标准

各抗震设防类别建筑的抗震设防标准，应符合下列要求。

1. 甲类建筑

（1）地震作用。应高于本地区抗震设防烈度的要求，其值应按批准的地震安全性评价结果确定。

（2）抗震措施。当地抗震设防烈度为 6～8 度时，应符合本地抗震设防烈度提高 1 度的要求；当为 9 度时，应符合比 9 度抗震设防更高的要求。

2. 乙类建筑

(1) 地震作用。应符合本地区抗震设防烈度的要求。

(2) 抗震措施。一般情况下，当抗震设防烈度为 6～8 度时，应符合本地区抗震设防烈度提高 1 度的要求；当为 9 度时，应符合比 9 度抗震设防更高的要求；地基基础的抗震措施，应符合有关规定。

3. 丙类建筑

地震作用和抗震措施均应符合本地区抗震设防烈度的要求。

4. 丁类建筑

一般情况下，地震作用仍应符合本地区抗震设防烈度的要求。抗震措施应允许比本地区抗震设防烈度的要求适当降低，但抗震设防烈度为 6 度时不应降低。

抗震设防烈度为 6 度时，除建造于Ⅳ类场地上较高的高层建筑外，对乙、丙、丁类建筑可不进行地震作用计算。

第四节　地震效应与设计反应谱

在地震影响所及的范围内，于地面出现的各种震害或破坏，称之为地震效应。地震效应主要有振动破坏效应和地面破坏效应两种。如前述，地震效应与场地工程地质条件、震级大小和震中距等因素有关，也与建筑的类型和结构有关。下面主要讨论振动破坏效应。

地震时地震波在岩土体中传播，引起地面运动，使建筑的地基、基础及上部结构都发生振动，也给建筑物施加了一个附加荷载，即地震力。当地震力达到某一限度时，建筑物即发生破坏。这种由于地震力作用直接引起建筑物的破坏，称为振动破坏效应。一次强烈地震发生时，建筑物的毁坏、倾倒，主要是地震力的直接作用引起的。建筑物破坏的原因是：承重结构的强度不够和结构刚度或整体性不足。振动破坏效应是最主要的一种地震效应。

地震对建筑物振动破坏作用的分析方法，有静力法和动力法。

一、静力分析法

这是一种古典的分析方法，它假定建筑物是刚性体，地震时建筑物各部分的加速度与地面加速度完全相同，并且规定地震力是一个固定不变的力，即由地面振动的最大加速度引起的惯性力。由于这种方法比较简便，目前世界上有些国家将它作为抗震设计的依据。

(一) 水平地震力

如果建筑物的质量为 m，则作用其上的水平地震力 P 为：

$$P=m \cdot a_{0\max}=\frac{W}{g} \cdot a_{0\max} \tag{8-1}$$

式中：W——建筑物所受重力；

$a_{0\max}$——最大水平加速度；

g——重力加速度。

(二) 铅直地震力

地震力作为一个矢量，既有水平向的，也有铅直向的。在震中区，铅直向地震力不能忽视，它往往可与水平地震力相等，但远离震中区，铅直地震力则大为减小。铅直地震力 P' 可按下式计算求得：

$$P'=W\cdot K_e' \tag{8-2}$$

$$K_e'=\frac{a_{0\max}'}{g} \tag{8-3}$$

式中：K_e'——铅直地震系数；

$a_{0\max}'$——最大铅直加速度。

对在水平推力作用下有倾覆、滑动危险的结构，如挡土墙、水坝等，需考虑铅直地震荷载来核算其强度和稳定性，而对一般建筑物则可以不考虑铅直地震荷载的影响。

二、动力分析法

静力分析方法较简便，但往往与实际情况有较大的出入。因为建筑物的振动破坏，除了受最大加速度影响外，还与振动持续时间、振动周期以及建筑物结构特性有关。地震波在介质中振动的持续时间和振动周期，主要取决于岩体的类型、性质和厚度等因素。动力分析方法考虑到了上述情况，因而更符合实际。目前世界上包括我国在内的绝大多数国家都采用动力分析方法。

目前应用最广泛的动力分析方法是简化的反应谱法。它假定建筑物结构是单质点系的弹性体，作用于其地基的地震运动为简谐振动。所测得结构系数的动力反应，不仅取决于地面运动的最大加速度，还取决于结构本身的动力特性。结构自振周期（T）和阻尼比（ζ）是其动力特性中两个最重要的参数。在地震振动作用力下，对于结构的某一特定阻尼比来说，其体系的最大位移（或最大速度、最大加速度）与自振周期的关系可表示成曲线，即最大位移（或最大速度、最大加速度）反应谱（图 8-5）。

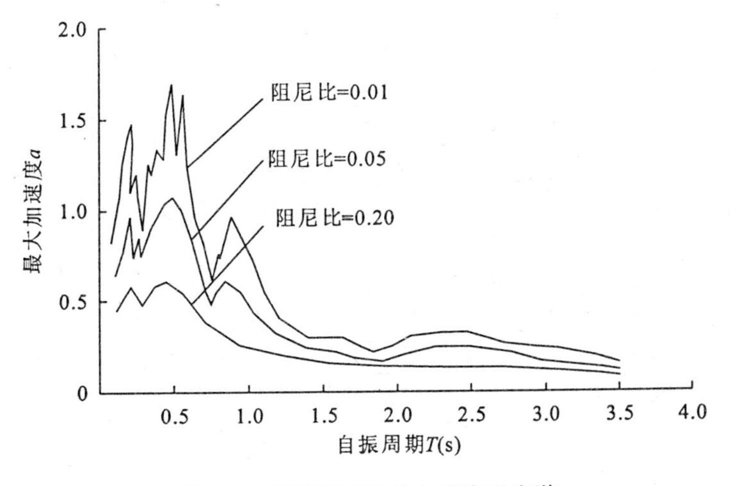

图 8-5　不同阻尼比的加速度反应谱

有了反应谱，就可以决定已知自振周期和阻尼比的任何单质点系的最大位移（最大速度、最大加速度）反应，也可计算出相应的应力状态。我国所颁布的《建筑抗震设计规范》（GB 50011—2010）中，特征周期（T_g）和地震系数（a）是进行动力分析的两个重要计算参数。

（一）特征周期（T_g）

地震发生时，由于地表岩土体对不同周期的地震波有选择放大作用，某种岩土体总是因某种周期的波选择放大显得尤为明显，这种周期即为该岩土体的特征周期，也叫做卓越周期。特征周期的实质是波的共振，由于共振作用而使地表振动加强。一般地说，表土层愈厚，土质愈松软，则特征周期值愈大。

巨厚层松软土上的低加速远震，可以使自振周期较长的高层建筑物遭受破坏，其原因就是共振，所以高层建筑物设计时应充分考虑到特征周期值的作用。

（二）地震影响系数（a）

地震影响系数是按反应谱理论进行建筑物抗震设计的基本参数，它表示单质点系弹性结构在地震作用下的最大加速度反应与重力加速度比值的统计平均值，即：

$$a=\frac{a_{max}}{g} \tag{8-4}$$

地震影响系数为一无量纲参数，其数值大小取决于地震加速记录的特性和建筑物结构的动力特性［自振周期（T）和阻尼比（ζ）］，可按图 8-6 采用，其下限不应小于最大值的 20%。结构物截面验算时，水平地震影响系数最大值应按表 8-3 采用。

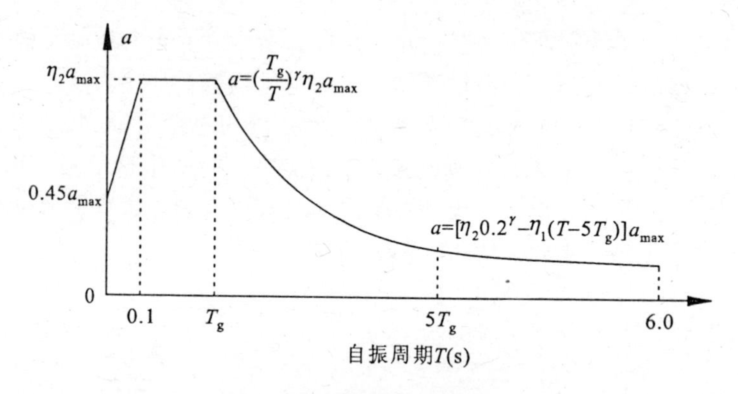

图 8-6 地震影响系数曲线

a. 地震影响系数；a_{max}. 地震影响系数最大值；η_1. 直线下降段的下降斜率调整系数；γ. 衰减指数；T_g. 特征周期；η_2. 阻尼调整系数；T. 结构自振周期

表 8-3 结构物截面抗震验算的水平地震影响系数最大值

烈度	6	7	8	9
a_{max}	0.04	0.08	0.16	0.32

有了水平地震影响系数值后，一般位于地震烈度 6 度区以上的建筑物（建造于Ⅳ类场地上的高层建筑与结构物除外），即可进行截面抗震验算。其计算公式为：

$$F_{EX}=\alpha_1 \cdot W_t \tag{8-5}$$

式中：F_{EX}——结构的水平地震作用标准值；

α_1——相应于结构基本自振周期的水平地震影响系数值；

W_t——结构等效总重力，单质点系数应取总重力代表值。

三、设计反应谱确定

（一）土层剪切波速的测量

（1）在场地初步勘察阶段，对大面积的同一地质单元，测量土层剪切波的钻孔数量，应为控制性钻孔数量的1/5～1/3，山间河谷地区可适量减少，但不少于3个。

（2）在场地详细勘察阶段，对单幢建筑，测量土层剪切波速的钻孔数量不宜少于2个，数据变化较大时，可适量增加；对于小区中处于同一地质单元的密集高层建筑群，测量土层剪切波速的钻孔数量可适量减少，但每幢高层建筑下不得少于1个。

（3）对丁类建筑及层数不超过10层且高度不超过30m的丙类建筑，当无实测剪切波速时，可根据岩土名称和性状，按抗震规范划分土的类型，再利用当地经验估计各土层的剪切波速。

（二）计算和确定等效剪切波速

一般情况下，土层等效剪切波速应按下式计算：

$$v_{se}=d_0/t \tag{8-6}$$

$$t=\sum_{i-1}^{n}(d_i/v_{si}) \tag{8-7}$$

式中：v_{se}——土层等效剪切波速，m/s；

d_0——计算深度，m，取覆盖厚度和20m二者的较小值；

t——剪切波在地面至计算深度之间的传播时间，s；

d_i——计算深度范围内第 i 土层的厚度，m；

v_{si}——计算深度范围内第 i 土层的剪切波速，m/s；

n——计算深度范围内土层的分层数。

（三）确定场地覆盖层厚度

（1）一般情况下，应按地面至剪切波速大于500m/s的土层顶面的距离确定。

（2）当地面5m以下存在剪切波速大于相邻上层土剪切波速2.5倍的土层，且其下卧岩土的剪切波速均小于400m/s时，可按地面至该土层顶面的距离确定。

（3）剪切波速大于500m/s的孤石、透镜体，应视同周围土层。

（4）土层中的火山岩硬夹层，应视为刚体，其厚度应从覆盖土层中扣除。

（四）场地类别确定

应将场地类别按土层等效剪切波速和场地覆盖层厚度划分为四类(表8-4)。当有可靠

表8-4　各类建筑场地的覆盖层厚度（m）

等效剪切波速（m/s）	场地类别			
	Ⅰ	Ⅱ	Ⅲ	Ⅳ
$v_{se}>500$	0			
$500\geqslant v_{se}>250$	<5	>5		
$250\geqslant v_{se}>140$	<3	3～50	>50	
$v_{se}\leqslant 140$	<3	3～15	15～80	>80

的剪切波速和覆盖层厚度且其值处于表 8－4 所列场地类别的分界线附近时，应允许按插值方法确定地震作用计算所用的设计特征周期。

（五）确定设计反应谱或地震影响系数

建筑结构的地震影响系数应由烈度、场地类别、设计地震分组和结构自振周期以及阻尼比确定，水平地震影响系数最大值按表 8－5 采用；特征周期应根据场地类别和设计地震分组按表 8－6 采用。

表 8－5 水平地震影响系数最大值

地震影响	6 度	7 度	8 度	9 度
多遇地震	0.04	0.08（0.12）	0.16（0.24）	0.32
罕遇地震	—	0.5（0.72）	0.90（1.20）	1.40

注：括号中数值分别用于设计基本地震加速度为 0.15g 和 0.3g 的地区，g 为重力加速度。

表 8－6 特征周期值（*T*）

设计地震分组	场地类别			
	Ⅰ	Ⅱ	Ⅲ	Ⅳ
第一组	0.25	0.35	0.45	0.65
第二组	0.30	0.40	0.55	0.75
第三组	0.35	0.45	0.65	0.90

当取得场地的水平地震影响系数最大值及特征周期后，建筑结构的地震影响系数便可由图 8—6 确定，有关参数的确定详见《建筑抗震设计规范》（GB 50011—2010），在此从略。

第五节 活断层

一、活断层的概念

活断层也称活动断裂，指现今仍在活动或者近期有过活动、不久的将来还可能活动的断层。其中后一种也叫潜在活断层。活断层可使岩层产生错动位移或发生地震，对工程建筑造成很大的甚至无法抗拒的危害。为了更好地评价活断层对工程建筑的影响，一般将工程使用期内（一般为 50～100 年）可能影响和危害其安全的活断层叫工程活断层。

活断层按两盘错动方向分为走向滑动型断层（平移断层）和倾向滑动型断层（逆断层及正断层）。走向滑动型断层最常见，其特点是断层面陡倾或直立，平直延伸，部分规模很大，断层中常蓄积有较高的能量，引发高震级强烈地震。倾向滑动型断层中逆断层较为常见，它多数是受水平挤压形成，断层倾角较缓，错动时由于上盘为主动盘，故上盘地表变形开裂较严重，岩体较下盘破碎，对建筑物危害较大。倾向滑动型正断层的上盘也为主动盘，故其上盘岩体也较破碎。

活断层按其活动性质分为蠕变型活断层和突发型活断层。蠕变型活断层指只有长期缓慢相对位移变形，不发生地震或只有少数微弱地震的活断层。突发型活断层错动位移是突然发生的，并同时伴发较强烈的地震。具体又分为两种情况，一种是断层错动引发地震的发震断层，另一种情况是因地震引起老断层错动或产生新的断层。如 1976 年唐山地震时，形成一条长 8km 的地表错断，最大水平断距达 1.63m，垂直断距达 0.7m，错开了楼房、道路等一切建筑，如图 8-7 所示。

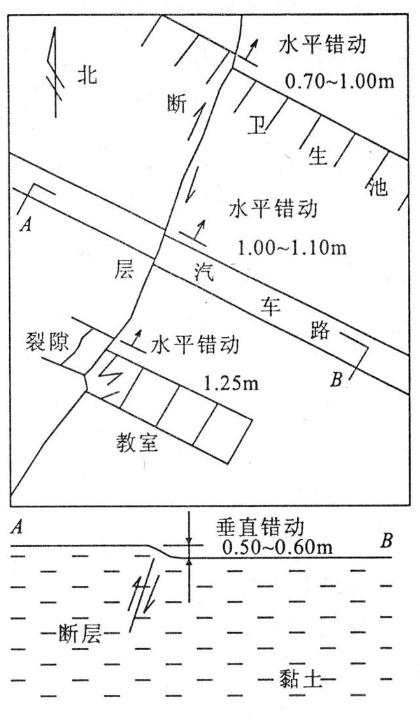

图 8-7　唐山地震某地面断层错位

二、活断层的特征

（一）活断层的活动具继承性

活断层绝大多数都是继承老断裂活动的历史而继续发展的，而且现今发生地面断裂破坏的地段过去曾多次反复地发生过同样的断裂活动，这就是活断层的继承性。尤其是区域性的深大断裂更为多见。

新活动的部位通常只是沿老断裂的某一段发生，或是某些段活动强烈，另一些段则不强烈。活动方式和方向相同也是继承性的一个显著特点。形成时代越新的断层，其继承性也越强，如晚更新世以来的构造运动引起断裂活动能持续至今。

（二）活动方式影响地震大小

活断层的活动方式可以分为蠕滑和黏滑两种形式。蠕滑是一种连续的滑动过程，因其只发生较小的应力降，因而不可能有大地震相伴随。这种方式活动的断层仅伴有小震或无地震活动。黏滑活动则是断层发生快速错动，在突发快速错动前断层呈闭锁状态，往往没有明显的位移发生，在同一条断裂带的不同区段可以有不同的活动方式。黏滑运动的断层有时也会伴有小的蠕动，而大部分地段以蠕动为主的断层，在其端部也会出现黏滑，产生大地震。

（三）活动速率反映活动强度

活断层的活动速率是断层活动性强弱的重要标志。活断层的活动方式不同，其错动速率有显著差异。蠕变型活断层错动速率大多相当缓慢，通常在年均 1mm 至几十毫米之间，而突发型活断层错动速度相当快，可达 0.5～1m/s 。同一条活断层上的错动速率有显著差异，其断层错动速率也不均匀，如地震断层临震前速率可成倍剧增，而震后又趋缓，这种变形速率变化特征对地震预测有很大意义。

活断层的错动速率一般是通过精密地形测量（包括精密水准和三角测量）和研究第四纪沉积物年代及其错位量而获得的。根据断层滑动速率，可将活断层分为活动强度不同的级别。

（四）活断层的活动具周期性

同一断层两次突然错动之间的时间间隔，称为活断层的错动周期。由于活断层发生大地震的重复周期往往长达百年甚至数千年，已超出了地震记录的时间。因此，要准确获得一些活断层上强震的重复时间间隔，必须加强史前古地震的研究。该研究的主要方法为：一是利用地震时保存在近代沉积物中的地质证据以及地貌记录，来判定断层活动的次数和每次活动的时代；二是根据我国历史上发生的地震记录资料获取一些活断层活动周期。我国科学家利用古地震研究获得了一些活动大断裂的强震重复周期，如新疆喀什河断裂为 2 000～2 500 年，云南红河断裂北段为 150±50 年，宁夏海原南西华山北麓断裂约为 1 600 年。

三、活断层的识别

（一）地质标志

地质标志是鉴别活断层的最可靠依据。其主要标志如下。

(1) 第四系（或近代）地层错动、断裂、褶皱等。

(2) 第四系堆积物中常见到小褶皱和小断层被第四系以前的岩层冲断。

(3) 沿断层可见河谷、阶地等地貌单元同时发生水平或垂直位移错断。

(4) 活断层内由松散的破碎物质所组成，且断层泥与破碎带一般未胶结。

(5) 沿断裂带出现地震断层陡坎和地裂缝，断层面或断层崖壁可见擦痕。

(6) 第四纪火山锥或熔岩呈线状分布。

（二）地貌标志

一般而言，活断层的构造地貌比较清晰，许多方面的标志可作为鉴别依据。

(1) 地形变化差异大，若在两种截然不同的地貌单元（如山岭和平原之间）直线相接的部位，一侧为断陷区，另一侧为隆起区，两者的接触带往往是一条较大断裂。

(2) 山前的第四系堆积物厚度大，山前洪积扇特别高或特别低，呈线性排列，与山体不相称。

(3) 在山前形成陡坎山脚，常有狭长洼地和沼泽，或者连续显著出现断层崖、断层三角面。

(4) 断裂带有植物突然干枯死亡或生长特别罕见植物。

(5) 建（构）筑物、公路等工程地基发生倾斜和错开现象。

(6) 沿活动断裂带上滑坡、崩塌和泥石流等工程动力地质现象常呈线形密集分布。

(7) 山脊、河流阶地等突然发生明显错断或拐弯。

（三）地震活动标志

(1) 在断层带附近有现代地震、地面位移和地形变化及微震发生。

(2) 沿断层带有历史地震和现代地震震中分布，且震中呈有规律的线状分布。

（四）水文与水文地质标志

(1) 水系呈直线状、格子状展布，河流、河谷等水系突然发生明显错断或呈拐弯折线状。

(2) 泉点、地热带、湖泊和山间盆地呈线状（或串珠状）分布，温泉水温和矿化度较高，有时植被呈线状发育。

（五）地壳变形测量、地球物理和地球化学标志

地壳变形测量就是对比同一地区、同一路线相同点位在不同时期测量结果。用这种方法可以确定断层两盘的相对位移。

地震波法等地球物理方法也是研究活断层的有效手段。特别是地震波法广泛应用于松散

层中的隐伏断裂研究。

地球化学方法对了解地下断层活动与否具有较高的灵敏度和分辨率。常用的方法是测量土壤中汞、氡气或氦气。当断层有新的活动表现时，这些气体便从地壳内部大量释放，这时分析测定它们的含量，即可判别断层带中气体的异常情况。

四、活断层评价方法

活断层因其未来具有活动的可能性，会以发震、错动或蠕动等方式对工程建设场地稳定性产生影响，所以活断层评价是区域稳定性评价的核心问题。活断层的蠕动及其伴生的地面变形，直接损害断层上及其附近的建筑物。

罗国煜（1992）根据多年实践，认为应从活动性断裂中依据一系列指标划分出优势活动性断裂，并将其分为两类。

（一）区域优势活动性断裂

指常以发震形式影响工程场地稳定性的断裂。

（二）场区优势活动性断裂

指常以错动和蠕动等方式影响场地稳定性的断裂。

活断层评价一般需首先了解工程场地及其附近是否存在活断层，以及活断层的规模、产状特征，活断层活动时代（其中最晚一次活动的时代最为重要），活断层活动性质（黏滑、蠕滑）、活动方式（走滑、倾滑）、活动速率等特征；其次，要了解和评价断层地震危险性，即是否为发震断裂，其最大震级及复发周期。

活断层发震造成工程震害，就其原因和特点来看，主要有两方面：地震振动破坏和地面破坏。

1. 地震振动破坏

地震振动破坏程度取决于地震强度、场地条件和建筑物抗震性能。工程地质研究的重点是场地条件对工程的危害性。地震振动破坏取决于工程场地在未来地震造成的地表影响范围和程度。国内外地震灾害统计资料表明，场地地形地质条件会引起地震震害或烈度发生变化。地震震害与震级大小、场地条件和建筑物抗震性能有关。工程地质着重研究场地条件对地震烈度的影响，又称为工程场地地震效应研究。地震振动破坏程度主要取决于以下几个方面。

（1）地质构造条件。就稳定性而言，地块优于褶皱带，老褶皱带优于新褶皱带，隆起区优于凹陷区。非发震活断层往往形成高烈度异常区，而老断裂构造无加重震害趋势。

（2）地基特性。在震中距相同情况下，基岩上的建筑物比较安全。土的成因对其抗震性有很大影响，抗震性能顺序是：洪积物＞冲积物＞海、湖沉积物及人工填土。软硬土层结构不同，烈度影响也不相同。硬土层在上部时，厚度越大震害越轻；软土层在上部时，厚度越大则震害越重。

（3）卓越周期。地震波在地基岩土体中传播，经过不同性质界面的多次反射将出现不同周期的地震波。当地震波的振动周期与场地岩土体的固有周期相近时，由于共振作用而使地震波的振幅得到放大，会使地表振动加强而出现最大峰值，此周期称为卓越周期。建筑物地基受地震冲击而振动，同时也引起建筑物振动。当两者振动周期相同或相近时就会引起共振，使建筑物振幅加大而遭受破坏。例如地基土为巨厚冲积层时，高层建筑（自振周期较长）在远震时易遭受破坏，其原因就是共振。

（4）砂基液化。疏松的粉细砂土含的水饱和后，在受到地震振动作用后，砂土层会完全丧失抗剪强度和承载能力。

（5）场地地貌。孤立突出的地形使震害加剧，低洼沟谷使震害减弱。

（6）地下水埋深。地下水埋藏得越浅，地震烈度增加得越多。

2. 地面破坏

地震往往在地面引起地裂缝及沿裂缝发生小错动。地面变形破坏是超过地震振动破坏的主要破坏类型。由于这种破坏位错量大并且是瞬时发生的，工程措施难以抵御它的破坏，所以要避开一段距离。即使是未发过震的活断层，工程也应远离，更不能跨越其上，以防断层位移带动或蠕动，对工程造成影响。地裂缝按其成因主要有两类。

（1）构造地裂缝。可以继承深部发震断裂或蠕动断裂方向。构造成因地裂缝不受地形、土体性质和其他自然条件控制，延伸稳定、活动性强、规模大。在强地震区等现今构造活动带常常出现地裂缝。

（2）非构造地裂缝。与地基液化、抽取地下水等有关。工程避开活断层和地震危险区，应从烈度衰减规律出发，即顺断层走向烈度衰减缓慢，而垂直断层走向时衰减快。所以工程布局应垂直活断层并避开一段距离。以下规定可供参考：地裂缝处每边要离开100～200m，活断层要离开1km，核电站8km范围内不允许有长1.5km的活断层。汤森族（1999）提出对于重大工程（主要指线状工程）活动断裂安全距离，见表8-4。

表8-4 活动断裂安全距离

<table>
<tr><th>设防烈度</th><th>覆盖层厚度</th><th>建筑安全距离</th></tr>
<tr><td rowspan="3">8～9度</td><td>100～300m</td><td>避开断裂交汇处及断裂破碎带，建筑安全距离为100～500m</td></tr>
<tr><td rowspan="2">覆盖层薄或基岩出露</td><td>活动断裂窄，岩体较完整，避开活断层和震中区，建筑安全距离为100～800m</td></tr>
<tr><td>有多条活动断裂，破碎带宽，岩体完整性差，建筑安全距离为1 000～3 000m</td></tr>
<tr><td rowspan="2">7度</td><td>覆盖层厚度>30m</td><td>可不考虑活动断层在地震时发生断裂对工程的影响</td></tr>
<tr><td>覆盖层厚度≤30m</td><td>应避开活动断裂带进行工程建设</td></tr>
</table>

复习思考题

1. 何谓地震震级，震级和烈度有何区别、联系？
2. 建筑物“三水准”的抗震设防要求是什么？
3. 地震所引发的工程地质问题有哪些？
4. 活断层的识别标志有哪些？
5. 简述活断层的评价方法。

第九章　其他不良地质作用

第一节　风化作用

暴露在地表的岩石，在太阳辐射、水、生物、大气、气温变化等的影响下，岩石所遭受的破坏和分解作用，称为风化作用。引起风化作用发生的这些因素统称为风化营力。岩石发生的破碎或成分变化的过程称为风化。其中，被风化的地壳表层称为风化壳。在风化壳中，尚保留有原岩结构和构造的风化岩石称为风化岩，而形成的松散的岩屑和土层残留在原地称为残积土。如图 9－1 所示为风化作用后的岩石。

图 9－1　风化作用后的岩石

一、风化作用的类型

依照风化营力的不同，风化作用可分为物理风化作用、化学风化作用和生物风化作用三类。

（一）物理风化作用

岩石在物理风化过程中，只发生机械破碎，化学成分不发生改变。其特征是岩石破坏的过程中无新矿物产生，而仅仅是发生机械破坏。引起物理风化的主要因素是温度的变化、水的冻结和盐类结晶胀裂等。

（1）温差作用。温度变化是导致岩石风化的最主要因素。由于太阳辐射能量的昼夜差异，从而引起岩石发生反复膨胀和收缩，岩石表面的裂隙不断增多、加大，最终导致岩石层层剥离，崩解为碎块（图 9－2）。这一现象在昼夜温差大的沙漠地区表现得更为普遍。

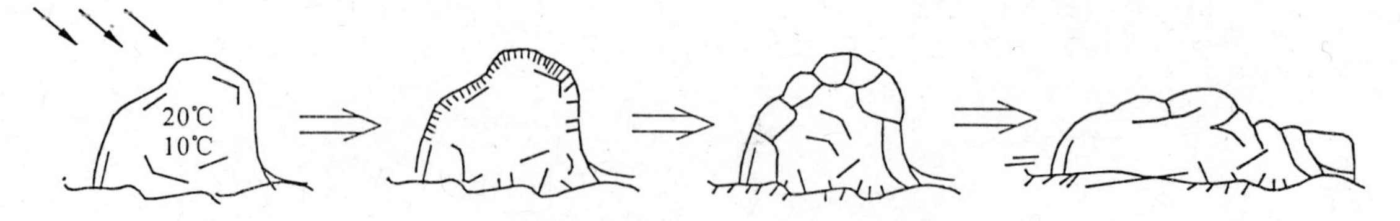

图 9－2 温差作用致使岩石崩解示意图

（2）冰劈作用。存在于岩石缝隙中的水如果由于气温降至 0℃以下而结冰的话，那么因为结冰而导致水的体积要自由膨胀约 9%，而由于裂隙两侧岩石的约束作用，水所产生的膨胀压力就作用于裂隙两侧壁上，使得存储有水的裂隙进一步加深、加大。另一方面，当气温重新回升到 0℃以上的时候，在裂隙中存在的冰溶化成水，进一步向已经扩大了的裂隙深部渗透。如此反复，就会使得岩石的裂隙规模不断扩大，并最终使得岩石崩裂成碎块。其过程如图 9－3 所示。

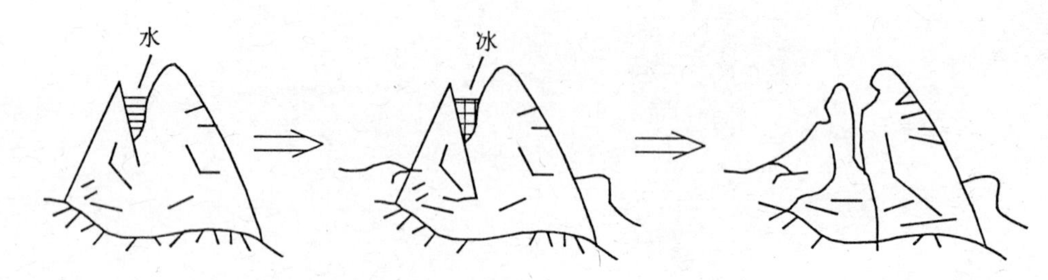

图 9－3 冰劈作用致使岩石崩解示意图

（3）盐类结晶和潮解作用。水并不是唯一可以堆积在岩缝里而将岩石裂开的结晶体，许多由于气候干燥而堆积在岩石裂隙中的可溶性盐类，可以同样使得岩石发生开裂现象。美国国家标准局曾对花岗岩做过一个试验，将花岗岩块体浸泡在饱和的硫酸钠溶液中（常温下 17h），随后将岩块在 105℃下干燥 7h，如此反复，最后仅经过 42 次上述循环，花岗岩即告崩碎。由此可见盐类结晶和潮解对岩石的破坏力之强。

（二）化学风化作用

化学风化作用是指岩石在水、氧、二氧化碳的作用下发生化学反应，引起岩石（或矿物）化学成分发生变化，导致岩石破坏的过程。其特点是不仅改变岩石的物理状态，同时改变其化学成分，并生成新的矿物。在化学风化作用过程中，水起着重要作用，这里所提及的“水”是指自然界中溶解有多种气体（如二氧化碳）和化合物（如酸、碱、盐）的水溶液。由于岩石性质及产生化学风化作用的因素不同，作用方式也不同。化学风化作用主要方式有碳酸盐化作用、溶解作用、水解作用、水化作用等。

（1）碳酸盐化作用。二氧化碳气体是可以溶解于水的，其溶解于水后生成碳酸。因此，溶解有二氧化碳的水中会存在有 CO_3^{2-} 和 HCO_3^-，它们遇到岩石矿物中的金属离子会发生反应，生成碳酸盐，而新生成的碳酸盐类均易溶于水，最终导致岩石逐步被“溶解”。上述过程确切来讲，应该是有碳酸参与的水解作用。碳酸盐化作用在含硅酸盐矿物成分的岩石中最为普遍。例如，正长石在碳酸盐化作用下的反应式为：

$$4KAlSi_3O_8+4H_2O+2CO_2 \longrightarrow 2K_2CO_3+8SiO_2+Al_4(Si_4O_{10})(OH)_8$$

正长石　　　　　　　　　　　　　　　　　　　高岭石

反应过程当中形成的 K_2CO_3 会随水流失，其余部分生成了难溶于水的高岭石。

(2) 水解作用。水解作用是指矿物与水发生反应而形成新的化合物的过程。在水解作用当中，水既是溶剂也是反应物。纯水中轻微离子所电离出的 H^+ 和 OH^- 会和溶于水的矿物中所离析出来的离子发生交换作用，从而使岩石的化学成分发生改变。例如，橄榄石会和水发生如下反应：

$$Mg_2SiO_4+4H^-+4OH^- \longrightarrow 2Mg^{2+}+4OH^-+H_4SiO_4$$

橄榄石

(3) 水化作用。水化作用是指水与岩石中的某些矿物发生反应，水分子作为一个组成部分添加入矿物之中而形成新矿物的过程。其作用的结果是使得矿物体积发生膨胀，对周围岩石产生压力，使得岩石破坏。

一些黏土矿物，可根据环境的潮湿程度而发生反复的水化作用和失水作用。当大雨来袭时，它们便吸收水分发生膨胀，导致将其上覆的岩石或土壤拱起，但等到气候干燥时，它们又失水收缩而引发裂痕。这就是在工程上经常引发问题的“膨胀黏土”。

(4) 溶解作用。溶解作用是指岩石中的矿物被水直接溶解。自然界中多数矿物都溶于水，但是溶解的难易程度不同。最容易溶解的矿物是卤化盐类（如钾盐），其次是硫酸盐类（如石膏），再次是碳酸盐类（如石灰岩）。

溶解作用的结果是使岩石中的易溶物质逐渐溶解而随水流失，岩石的坚实程度降低，从而更容易遭受到物理风化作用而破坏。

（三）生物风化作用

岩石在生物活动的影响下所引起的破坏作用称之为生物风化作用。生物风化作用既有机械破坏又有化学分解作用，可分为生物物理风化作用和生物化学风化作用两类。例如，植物的根系生长对岩石的穿凿作用，动物的挖掘、开凿作用，人类开矿、筑路等工作均可以属生物物理风化作用；而生物新陈代谢析出的各种物质及其遗体腐烂分解过程中所产生的物质（如有机酸、碳酸、硝酸、硫化氢等）会对岩石起到腐蚀的作用，从而造成岩石的破坏属生物化学风化作用。

在自然界当中，岩石的风化往往是上述三种作用综合作用的结果。

二、风化作用的影响因素及评价方法

（一）风化作用的影响因素

影响岩石风化的因素是多方面的，总体说来有如下几个方面的影响比较突出。

1. 地质因素

岩石的矿物成分差异、自身结构不同，对岩石风化作用的强弱有着重要影响。

从岩石的组成矿物来看，其矿物成分自身的化学稳定性好坏是影响岩石抵抗风化作用能力强弱的内在因素。在常见的造岩矿物中，石英的化学稳定性最好，其抗风化的能力也就最强，而方解石、白云石和基性斜长石等的化学稳定性相对较差，因而其抗风化能力也就较弱。

从岩石的结构差异的角度来看，岩石中组成矿物颗粒的粗细、均匀与否均对岩石抗风化能力有影响。通常粗粒比细粒的结构岩石更易遭受到风化，均匀的等粒结构比不均匀的斑晶结构岩石更易风化。

2. 地形地貌因素

地形与地貌的差异，往往会引起风化作用强度、深度以及风化产物的堆积厚度的不同。

地形起伏较大、地貌复杂的地区，风化的强度和深度一般均较大，风化作用以物理风化为主，但由于其地形起伏较大，被剥落的岩石风化物往往会被搬离原地，因而所产生的风化产物堆积厚度往往较薄且颗粒较粗。相反的，在地形起伏较小、地势平缓的地区，风化的强度与深度一般较小，且由于其地形平缓，地表水与地下水的流速均较慢，因而风化作用以化学风化为主，同时其风化产物的堆积厚度往往较厚。在地形低洼的地区，由于岩石上往往有沉积物的覆盖反而不易遭受风化。

3. 气候因素

气候因素的差异通常表现在气温、降水以及生物的繁殖方面。气温昼夜相差大的地区，其地表岩石遭受物理风化的可能性就较大，而且温度的变化还会影响到矿物之间的化学反应速度、在水中的溶解度甚至生物新陈代谢的快慢等。降水量较大的地区，一方面由于水量的增加，岩石中易溶矿物的溶解量就相应提升，从而促进了化学风化作用的进行；另一方面，多雨湿润也促进了生物的繁殖和生长，也在一定程度上加速了生物风化作用。

综上所述，影响风化作用的三个主要因素实际上是增强或减弱物理风化、化学风化、生物风化的客观条件，它们在自然界中的作用并不是各自独立的，而是相互影响的，因而岩石风化产物的生成也不能单纯地说就是某种风化作用单独作用的结果。

（二）风化作用的评价

风化作用对岩石的影响是由表及里的。正常情况下，风化作用对地表岩石的作用最为强烈，而随着影响深度的不断加深，风化作用的影响就不断减弱，直至为零。因此，在地壳表层就会形成一个由不同风化程度岩石组成的壳体，也就是风化壳。岩石的风化程度沿着风化壳的剖面是不同的，为了正确评价母岩遭受风化破坏程度，《岩土工程勘察规范》（GB 50021—2001）将岩石风化程度按表 9-1 进行分类。

为了能够正确评价岩石风化程度对工程建设的影响，按表 9-1 中所确定岩石风化程度的不同，将岩石风化壳分为全风化、强风化、弱风化、微风化四个带（图 9-4）。岩石风化带界线的正确划分，在工程实践上尤其是地基处理上有着非常重要的意义。但迄今为止，要准确地确立风化界线尚需结合具体的水文地质条件，这主要是由于各地的水文地质条件、气候、岩性均有较大差异，因此风化带的分布情况也就不尽相同。另外，在野外可根据风化岩石的特征判定风化程度（表 9-2）。

三、岩石风化的治理措施

风化的治理通常有如下几种措施。

（1）挖除法。采取挖除部分对建筑物构成较大威胁的风化严重的岩层。挖除的深度应根据具体工程中岩层的风化程度、风化因素等指标予以综合确定。

（2）覆盖法。采用在岩石上覆盖防止风化营力侵袭的材料来避免风化作用的进行，如覆盖沥青、水泥、黏土层等。

表 9-1　岩石按风化程度分类

风化程度	野外特征	风化程度参数指标	
		波速比(K_v)	风化系数(K_f)
未风化	岩质新鲜，偶见风化痕迹	0.9～1.0	0.9～1.0
微风化	结构基本未变，仅节理面有渲染或略有变色，有少量风化裂隙	0.8～0.9	0.8～0.9
中等风化	结构部分破坏，沿节理面有次生矿物，风化裂隙发育，岩体被切割成岩块，用镐难挖，岩芯钻方可钻进	0.6～0.8	0.4～0.8
强风化	结构大部分破坏，矿物成分显著变化，风化裂隙很发育，岩体破碎，用镐可挖，干钻不易钻进	0.4～0.6	<0.4
全风化	结构基本破坏，但尚可辨认，有残余结构强度，可用镐挖，干钻易钻进	0.2～0.4	

注：1. 波速（K_v）为风化岩石与新鲜岩石压缩波速度之比；
2. 风化系数（K_f）为风化岩石与新鲜岩石饱和单轴抗压强度之比；
3. 岩石风化程度，除按表列野外特征和定量指标划分外，也可根据当地经验划分；
4. 花岗岩类岩石，可采用标准贯入击数 N 划分，$N \geqslant 50$ 为强风化，$50 > N \geqslant 30$ 为全风化，$N < 30$ 为残积土；
5. 泥岩和半成岩，可不进行风化程度划分。

(3) 胶结法。针对存在有裂隙的岩石易遭受风化的特点，在岩石裂隙中灌入水泥、沥青、水玻璃等浆液，胶结堵塞岩石裂隙，以增强岩石的整体性，从而防止风化。

(4) 整平排水法。由于地表水和地下水是引起物理风化作用和化学风化作用的主要原因，因此，在工程建设区域进行场地整平并建造排水工程，是防止风化的重要手段。

(5) 探槽监测法。对于风化速度较快的岩层，应设置开敞的风化探槽，以观测岩石的风化速度，从而估算拟建工程开挖基坑后外露岩石的风化程度。同时应在基坑开挖至设计标高后立即浇筑基础并分层回填，以加快施工速度，防止风化作用的不良影响。

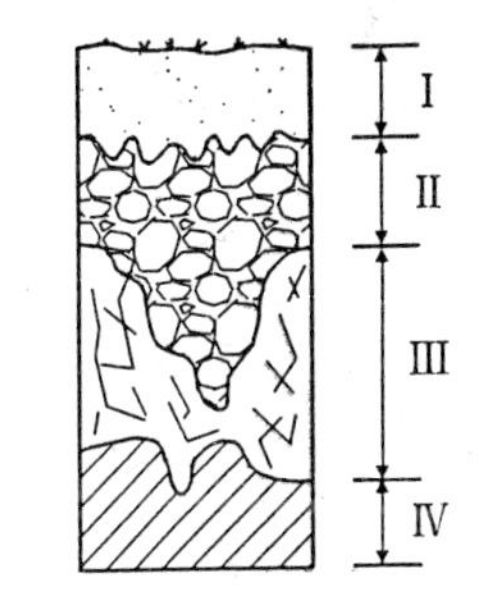

图 9-4　岩石风化壳剖面图
Ⅰ. 全风化带；Ⅱ. 强风化带；
Ⅲ. 弱风化带；Ⅳ. 微风化带

表 9-2　岩石风化程度判定

风化程度	坚硬程度分类	
	硬质岩石	软质岩石
	风化特征	
微风化	岩质新鲜，表面稍有风化迹象，锤击声清脆，并感觉锤有弹跳，裂隙少，岩块尺寸大于 50cm，用镐很难挖掘；岩芯呈圆柱状	岩石结构、构造清楚；岩体层理清晰；裂隙较发育；岩块尺寸为 20～50cm，裂隙中有风化物质填充；锤击沿片理或页理裂开，用镐较难挖掘；岩芯分裂，但可拼成圆柱状
中等风化	岩石的结构、构造清楚；岩体层理清晰；锤击声脆，微有弹跳感；裂隙较发育，岩块尺寸为 20～50cm，型隙中有少量充填物，用镐难挖掘；岩芯分裂，但可拼成圆柱状	岩石结构、构造及岩体层理尚能辨认；裂隙发育，岩块尺寸为 2～20cm，碎块用手可折断，用镐较易挖掘；岩芯破碎，不能拼成圆柱状
强风化	岩石结构、构造及岩体层理都不甚清晰；矿物成分显著变化，有次生矿物；锤击为空壳声，碎块用手易折断，裂隙发育，岩块尺寸为 2～20cm，用镐可以挖掘；岩芯破碎，不能拼成圆柱状	岩石结构、构造不清楚；岩体层理不清晰；岩质已成疏松的土状，用镐易挖掘；岩芯呈屑状，可用手摇钻钻进

第二节　河流地质作用

具有明显河槽的常年或季节性水流称为河流。河水通过侵蚀、搬运和堆积作用形成河床，并使河床的形态不断发生变化，河床形态的变化反过来又影响着河水的流速场，从而促使河床发生新的变化，两者互相作用、相互影响。河流的侵蚀、搬运和堆积作用，可以认为是河水与河床动平衡不断发展的结果。随着大型水利、水电事业的飞速发展，人类的工程活动正在大规模地影响着河流地质作用的自然过程。下面简要叙述河流的侵蚀与沉积。

一、侵蚀与沉积

（一）侵蚀

侵蚀是指水流在流动过程中对周边环境的冲刷和掏蚀作用。按其作用的主导因素不同，侵蚀作用可以分为机械侵蚀和溶蚀作用。河流的侵蚀作用，按照河床不断加深和拓宽的发展，可分为下蚀作用和侧蚀作用，下蚀和侧蚀是河流侵蚀统一过程中相互制约和相互影响的两个方面，不过在河流的不同发展阶段，或同一条河流的不同部分，由于河水动力条件的差异，不仅下蚀和侧蚀所显示的优势会有明显的区别，而且河流的侵蚀和沉积优势也会有显著的差别。

1. 下蚀作用

河水在流动过程中使河床逐渐下切加深的作用称为河流的下蚀作用。河水携带固体物质对河床的机械破坏，是使河流下蚀的主要因素。其作用强度取决于河水的流速和流量，同时，也与河床的岩性和地质构造有密切的关系。

下蚀作用使河床不断加深，切割成槽形凹地，形成河谷。在山区河流下蚀作用强烈，可形成深而窄的峡谷。如金沙江虎跳峡，谷深达 3 790m，长江三峡，谷深达 1 500m；滇西北的金沙江河谷，平均每千年下蚀 60cm；北美科罗拉多河谷，平均每千年下蚀 40m。

2. 侧蚀作用

河水在流动过程中，一方面不断刷深河床，同时也不断地冲刷河床两岸，这种使河床不断加宽的作用，称为河流的侧蚀作用。河水在运动过程中横向环流的作用，是促使河流产生侧蚀的主要因素。由于横向环流的作用，使凹岸不断受到强烈地冲刷，凸岸不断发生堆积(图 9－5)，使河湾的曲率增大，并受纵向流的影响，使河湾逐渐向下游移动，因而导致河床发生平面摆动，这样天长日久，整个河床就被河水的侧蚀作用逐渐地拓宽了。

当河流弯曲较大时，洪水在河曲的上下段河槽间最窄的陆地处很容易被冲开(图 9－6)，河流则可顺利地取直畅流，这种现象称为河流的截弯取直现象。而被冲开的这部分河曲，逐渐由于淤塞断流，形成牛轭湖，进而形成沼泽（图 9－7）。

（二）沉积

河流搬运物从水中沉积下来的过程称为河流的沉积作用。自然界中的沉积作用主要包括有两种：机械沉积和化学沉积。由于在河流中的溶运物往往达不到饱和状态，因此河流的沉积作用主要以机械沉积为主。河流发生机械沉积作用的主要原因是水流的流速降低而引起的

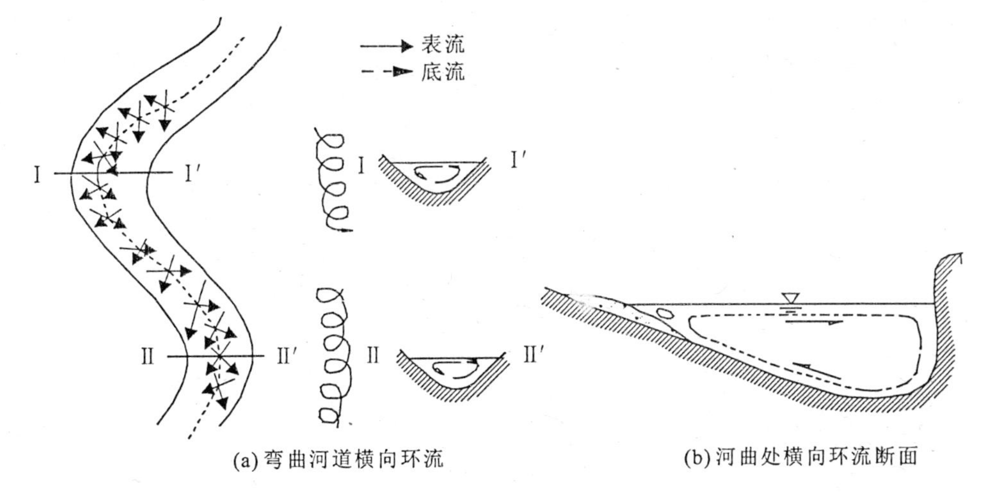

图 9－5　河流横向环流形成示意图

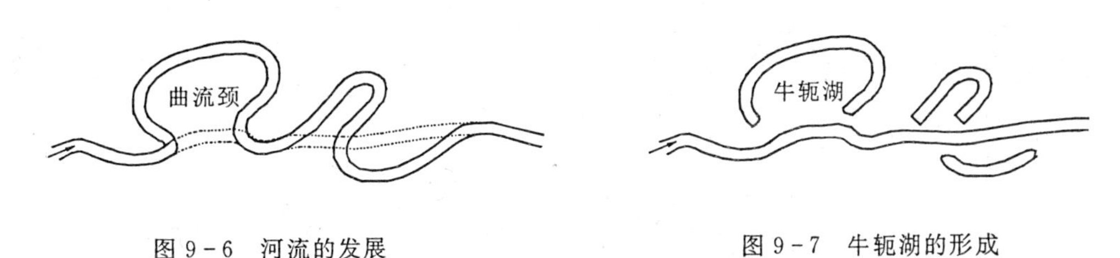

图 9－6　河流的发展　　　　图 9－7　牛轭湖的形成

河流搬运能力的减弱。河流沉积物总的变化趋势是：由上游到下游、由底部到表层，沉积物颗粒发生由粗到细的逐渐变化。

在河谷内由河流的沉积作用所形成的堆积物，称为冲积物或冲积层。冲积物的特点是：具有良好的磨圆度和分选性。它是第四纪陆相沉积物中的一个主要成因类型。冲积物按其沉积环境的不同，可分为河床相、河漫滩相、牛轭湖相、蚀余堆积相与河口三角洲相。

二、河谷与阶地的形成

（一）河谷的形成

河谷是指由河流长期侵蚀和堆积作用塑造而成的底部经常有水流动的线状延伸凹地。河谷的要素包括谷坡、谷底和河床，如图 9－8 所示。从河谷的成因来看，河谷可分为构造谷和侵蚀谷两类。

构造谷一般受地质构造控制而沿地质构造线发展。河流在构造运动所生成的凹地内流动，流水开凿出自己的河谷，如向斜谷、地堑断裂谷等，称为真正的构造谷；而河流沿着构造软弱带流动，河谷完全是由本身的流水冲刷出来的，如断层谷、背斜谷、单斜谷等，称为侵蚀构造谷。

侵蚀谷是由水流侵蚀而成，不受地质构造的影响，它可以任意切穿构造线。侵蚀谷发展为成形河谷一般可分三个阶段。

（1）第一阶段是峡谷型。经常性的水流急剧下切，使河谷切成 V 字形状态，可发展成隘谷、嶂谷和峡谷。

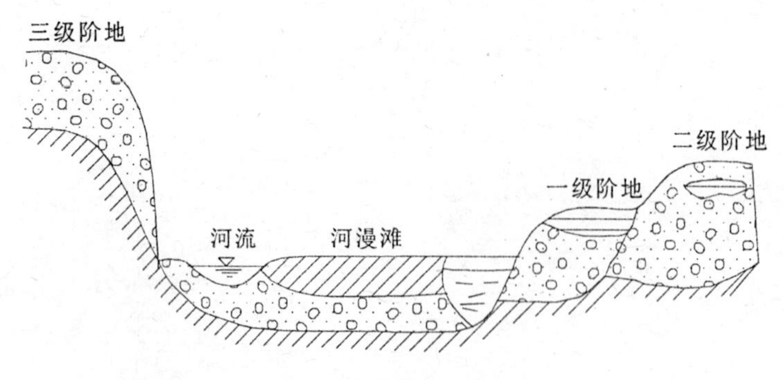

图 9－8　河流阶地图

(2) 第二阶段是河漫滩河谷。当峡谷形成后，弯曲的河床主流线使河床受到侧蚀加宽作用，即凹岸被冲刷，凸岸被堆积，造成滨河床浅滩，其不断扩大和固定，形成河漫滩河谷。

(3) 第三阶段是成形河谷。河漫滩河谷继续发展，使河漫滩不断加宽加高。受地壳运动影响，老河漫滩被抬高，河水在原河漫滩内侧重新开辟河道，被抬高的河漫滩则转变为阶地。其发展过程如图 9－8 所示。

（二）阶地的形成

阶地是指河谷谷坡上分布的不会被水淹没的台阶状地形。阶地的形成是由于地壳运动的影响，使得河流的侧向侵蚀和垂直侵蚀以及堆积作用交替进行的结果。

根据侵蚀与堆积之间关系的不同，可分为侵蚀阶地、堆积阶地和基座阶地三大类型。

(1) 侵蚀阶地。其特征是阶地面上没有或仅有较少的沉积物，基岩外露。此类阶地一般多分布于山间河谷原始流速较大的河段，或者分布在河流的上游。侵蚀阶地的工程地质条件较好。

(2) 堆积阶地。其特征是阶地土层深厚，阶地面不见基岩。此类阶地主要是由于地壳上升或海平面下降，河流沉积作用较强而形成的，可分为上迭阶地、内迭阶地及嵌入阶地。堆积阶地的工程地质条件好坏视冲积物性质及土层分布情况而定，应特别注意掩埋的古河道或牛轭湖堆积的透镜体问题。

(3) 基座阶地。它属于侵蚀阶地和堆积阶地之间的过渡类型，阶地面上有冲积物覆盖着，在阶地陡坎的下部仍可见到基岩出露。其工程地质条件比较好，可作为建筑物地基，沉降量小。

三、河流侵蚀的防治

为了保护河岸，对河流侵蚀的防治主要有预防性措施和整治性措施。

（一）预防性措施

对于预防性措施而言，要确定容易被掏蚀破坏的地段，特别是对土质松软、存在洞穴的河流凹岸应引起足够的重视，同时要开展为预报岸边与其邻近地区建筑工程的危险状态而进行的长期动态观测工作。

（二）整治性措施

对容易受到侵蚀作用的地段采取如下防护措施。

(1) 边岸防护。如采取铺砌、抛石、绿化等措施。

(2) 调节水流。包括调节水流方向、调节流速大小，如可设置各种导流的构筑物。

(3) 蓄洪工程。如兴建水库、大坝等项目。这类工程既可以防治侵蚀、防洪御旱，又能提高航运以及发电等的综合效益。

经验表明，要对河流侵蚀起到良好的防治效果，必须将上述两个方面进行综合考虑，方可制定出合理的防治方案。

第三节　岩溶与土洞

一、岩溶

(一) 岩溶基本概念

岩溶又称喀斯特，是指水对可溶性岩石进行以化学溶蚀作用为特征（包括水的机械侵蚀和再沉积）的综合地质作用，以及由此所产生的现象的统称。

岩溶地区最主要的特点是形成一系列独特地貌景观，这些景观形态各异（图 9－9），按其发育分布特征，主要分为以下几类。

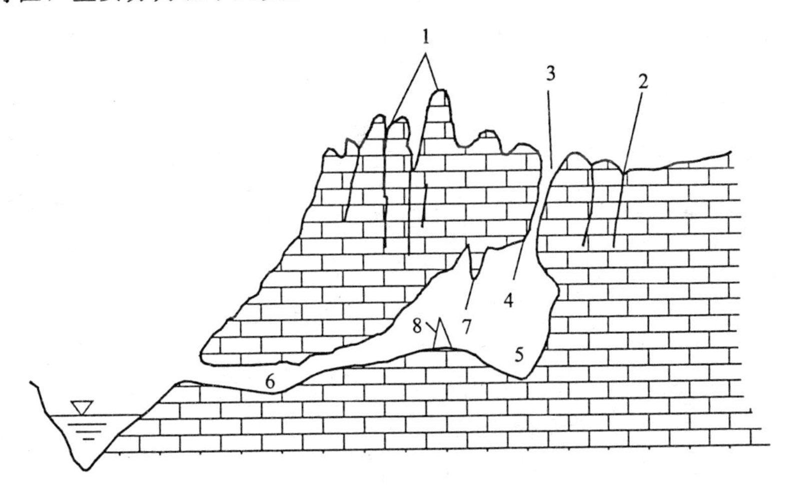

图 9－9　岩溶形态示意图

1. 石林；2. 溶沟；3. 漏斗；4. 落水洞；5. 溶洞；6. 暗河；7. 钟乳石；8. 石笋

(1) 地表岩溶形态。包括峰丛（溶蚀）、峰林、溶蚀平原、奇特的孤峰、石林、坡立谷、天生桥、落水洞、竖井、溶沟、溶槽、漏斗、洼地、溶盆、溶原等。

(2) 地下岩溶形态。包括溶隙（地下）、溶洞、钟乳石、石笋、石柱、地下暗河系统及各种洞穴堆积物。

因可溶岩透水性明显增大，岩溶可以形成一系列特殊的水文地质现象，如冲沟很少且多干谷或悬谷，地表水系不发育而地下水系较发育；岩溶水空间分布极不均匀，且埋深一般较大，动态变化强烈，流态复杂。

（二）岩溶发育的机理

碳酸盐是难溶盐，其溶解过程涉及到若干体系相的化学平衡，它与一般的可溶岩的纯溶解过程不同。要解释自然界复杂的岩溶地貌现象及水文地质现象成因，必须对决定以溶蚀作用为主的岩溶作用的体系中所发生的复杂化学反应过程，以及影响反应进程的各种效应有所了解。

碳酸盐在纯水中溶解度是很低的。例如，碳酸钙在25℃时其溶解度仅为14.2mg/L，而在每升天然地下水中碳酸钙的含量可达数百毫克，远高于其溶解度。究其原因：地表水尤其是地下水并非纯水，而是化学成分十分复杂的溶液，水中含有溶解的CO_2（最主要的）、无机酸、有机酸及某些盐类，这些化学组分共同促进了碳酸盐的溶蚀。

最终的化学反应式是：

$$CaCO_3 + CO_2 + H_2O = Ca^{2+} + 2HCO_3^-$$

由此可见，反应体系涉及复杂的地球化学作用过程，水中CO_2的存在对碳酸盐岩的溶蚀起着决定性作用。

（三）岩溶形成条件及影响因素

碳酸盐岩类岩溶发育主要是水对这类岩体化学溶蚀的结果。岩溶发育的基本条件可归结为三个，即可溶性的岩石、具溶蚀能力的水和良好的地下水循环交替条件。影响岩溶发育及控制岩溶活动空间、时间和强度规律的因素如下。

1. 地层因素

（1）地层岩性。地层岩性是岩溶发育的物质基础。大量研究资料表明，碳酸盐岩石的化学成分、矿物成分和结构对岩溶发育的影响显著。

对溶蚀试验成果的共识是：岩石中方解石含量愈多，则溶蚀愈强烈，岩溶发育愈强烈；酸不溶物含量愈大，尤其是硅质含量愈高且呈分散状态时，岩石愈不易溶蚀，岩溶发育愈弱；含有石膏、黄铁矿等矿物的碳酸盐岩溶蚀较强烈，对岩溶发育有利；而含有机质、沥青等杂质的碳酸盐岩，则不利于岩溶发育。

（2）成层组合关系。岩层的成层组合关系，尤其是可溶岩与非可溶岩呈互层产出时，影响着地下水的循环交替，对岩溶发育有重大影响。一般情况下，均一、厚层、质纯的碳酸盐岩更易岩溶化，而当碳酸盐岩与非碳酸盐岩互层或碳酸盐岩中有非碳酸盐岩夹层时，由于限制了地下水的循环交替，岩溶发育也就显得弱些，但此时在碳酸盐岩底面因地下水径流较强因而岩溶强烈发育。

2. 地质构造

地质构造是控制地下水循环交替条件（即地下水的补给、径流和排泄条件）的主要因素，因此它也是影响可溶岩岩溶发育的重要因素。

（1）断裂的影响。可溶岩中由于构造运动产生的断裂，包括断裂破碎带和节理裂隙密集带，是地下水运移的主要通道，它们控制了岩溶空间分布和发育速度。大型溶洞常沿断层破碎带或某组优势节理裂隙的走向发育，地表大型溶蚀洼地的长轴和落水洞的平面展布，也往往受控于某一断层的走向。有时，在有利条件下，溶蚀水沿断层面向深部循环时，还发育有深部岩溶。

由于较大的断裂构造能聚集大量溶蚀水，易于形成规模巨大的洞穴（如溶洞），使岩体内岩溶作用差异性和空间分布的不均匀性十分显著。

(2) 褶皱的影响。褶皱构造的不同型式和不同部位，岩体破裂程度不同，地下水的循环交替条件也不相同，故直接影响岩溶的发育。大量勘察资料证实，一般挤压较紧密的背斜核部，由于纵张节理发育，岩溶发育十分强烈，一般有溶蚀洼地、溶洞、暗河等展布。例如，重庆市南岸地区某一呈北北东向展布的大型平坦开阔洼地即是沿着南温泉背斜核部发育的溶蚀洼地。四川盆地内类似情况多见。

3. 气候因素

气候是岩溶发育的又一重要因素，它直接影响着参与岩溶作用的水的溶蚀能力，控制着岩溶发育的类型、规模和速度。对岩溶作用影响最大的气候要素是降水量和气温。降水量大小影响地下水补给的丰缺，进而影响地下水的循环交替条件，而气温高低则直接影响化学反应速度和生物新陈代谢的快慢，因而对岩溶发育起着重要作用。

4. 地形地貌和新构造运动

(1) 地形地貌。地形地貌也是影响地下水循环交替条件的重要因素，进而影响到岩溶发育的形态、规模和空间分布。地貌反映了区域性和地区性侵蚀基准面和地下水排泄基准面的性质和分布，控制着地下水运动的趋势和方向，从而控制着岩溶发育的总趋势。不同地貌部位上发育的岩溶形态也不同。

(2) 新构造运动。新构造运动有多种表现形式，其中地壳间隙性升降运动与岩溶发育的关系最为密切。地壳的相对稳定时间长短、升降幅度、速度和波及范围，控制着地下水循环交替条件的优劣及其变化趋势，从而制约岩溶发育的类型、规模和速度。当地壳处于相对稳定时期，此时地壳既不上升，也不下降，当地的侵蚀基准面和排泄基准面不变，水对碳酸盐岩长时间进行溶蚀作用，就可形成规模巨大的水平溶洞和暗河系统，而在地下水面以上部位岩体中竖井、落水洞等垂直岩溶形态发育。地壳相对稳定时间愈长，则岩溶发育愈强烈。当地壳上升时，地下水位相对下降，岩溶作用就向深部发展，而且以垂直形态的溶隙和管道为主，原先形成的水平溶洞则上升至包气带中，上升速度愈快，则岩溶愈不易发育。当地壳下降时，由于地下水循环交替条件减弱，岩溶作用亦减弱，而且原先形成的水平溶洞等也被埋藏于地下深部，成为隐伏岩溶；地面往往被新的沉积物覆盖，当覆盖层厚数米至数十米时为覆盖型岩溶，当覆盖层厚数十米至数百米时为掩埋型岩溶。

当碳酸盐岩分布地区地壳处于持续间歇性上升运动时，就会使水平溶洞成层分布(图 9-10)，而且这种成层分布的溶洞在河谷地段还可与相应的河流阶地对应，据此可了解岩溶的发育演变历史。

(四) 岩溶工程地质评价

岩溶工程地质评价可分为场地评价与单体岩溶评价两部分。场地评价即在较大范围内，按岩溶发育强度划分出不同稳定性地段，作为建筑场地选择和建筑总平面布置的依据；而对地基稳定所涉及的单体岩溶形态的分析评价，则可分为定性和半定量两种方法。

1. 岩溶地基类型

由于岩溶发育，往往使可溶岩表面石芽、溶沟丛生，参差不齐；地下溶洞会破坏岩体完整性。岩溶水动力条件变化，又会使其上部覆盖土层产生开裂、沉陷。这些都不同程度地影响着建筑物地基的稳定。

根据碳酸盐岩出露条件及其对地基稳定性的影响，可将岩溶地基划分为裸露型、覆盖

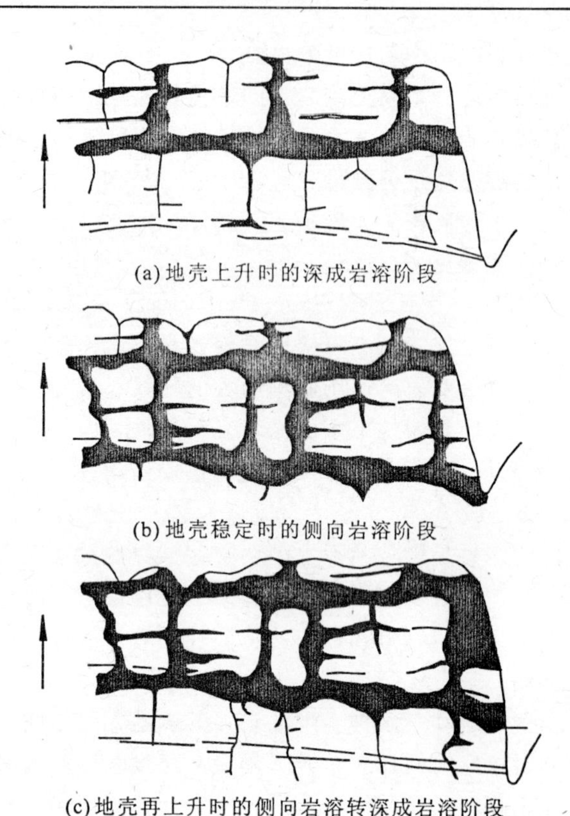

(a) 地壳上升时的深成岩溶阶段

(b) 地壳稳定时的侧向岩溶阶段

(c) 地壳再上升时的侧向岩溶转深成岩溶阶段

图 9-10　地壳间歇性上升时溶洞成层分布图

型、掩埋型三种，而最为重要的是前两种。

1）裸露型岩溶地基

缺少植被和土层覆盖，碳酸盐岩裸露于地表或其上很薄的覆土上。它又可分为石芽地基和溶洞地基两种。

(1) 石芽地基。石芽由大气降水和地表水沿裸露的碳酸盐岩节理、裂隙溶蚀扩展而形成。溶沟间残存的石芽高度一般不超过 3m。若被土覆盖，称为埋藏石芽。石芽多数分布在山岭斜坡上、河流谷坡以及岩溶洼地的边坡上。芽面极陡，芽间的溶沟、溶槽有的可深达 10 余米，而且往往与下部溶洞和溶蚀裂隙相连，使基岩面起伏极大。因此，会造成地基滑动及不均匀沉陷和施工上的困难。

(2) 溶洞地基。浅层溶洞顶板的稳定性问题是该类地基安全的关键。溶洞顶板的稳定性与岩石性质、结构面的分布及其组合关系、顶板厚度、溶洞形态和大小、洞内充填情况和水文地质条件等有关。

2）覆盖型岩溶地基

碳酸盐岩之上的覆盖层厚数米至 30m，这类土体可以是各种成因类型的松软土，如风成黄土、冲洪积砂卵石类土以及我国南方岩溶地区普遍发育的残坡积红黏土。覆盖型岩溶地基存在的主要岩土工程问题是地面塌陷，对这类地基稳定性的评价需要同时考虑上部建筑荷载与土洞的共同作用。

2. 岩溶地基稳定性定性评价

地基稳定性定性评价的核心，是查明岩溶发育和分布规律，包括对地基稳定有影响的个体岩溶形态特征（如溶洞大小、形状、顶板厚度、岩性、洞内充填和地下水活动情况等），上覆土层岩性、厚度及溶洞发育情况，根据建筑物荷载特点，并结合已有经验，最终对地基稳定作出全面评价。

根据岩溶地区已有的工程实践，下列若干成熟经验可供参考。

（1）当溶沟、溶槽、石芽、漏斗、洼地等密布发育，致使基岩面参差不平，其上又有松软土层覆盖时，土层厚度不一，常可引起地基不均匀沉陷。

（2）当基础砌置于基岩上，其附近因岩溶发育可能存在临空面时，地基可能产生沿倾向临空面的软弱结构面的滑动破坏。

（3）在地基主要受压层范围内，存在溶洞或暗河且平面尺寸大于基础尺寸，溶洞顶板基岩厚度小于最大洞跨，顶板岩石破碎，且洞内无充填物或有水流时，在附加荷载或振动荷载作用下，易产生坍塌，导致地基突然下沉。

（4）当基础底板之下土层厚度大于地基压缩层厚度，并且土层中有不致形成土洞的条件时，若地下水动力条件变化不大，水力梯度小，可以不考虑基岩内洞穴对地基稳定的影响。

（5）属于以下条件时，皆可以不考虑土洞或溶洞对地基稳定的影响：基础底板之下土层厚度虽小于地基压缩层计算深度，但土洞或溶洞内有充填物且较密实，又无地下水冲刷溶蚀的可能性；或基础尺寸大于溶洞的平面尺寸，其洞顶基岩又有足够承载能力；或溶洞顶板厚度大于溶洞的最大跨度，且顶板岩石坚硬完整。

（6）对于非重大或安全等级属于二、三类的建筑物，属下列条件之一时，可不考虑岩溶对地基稳定性的影响：基础置于微风化硬质岩石上，延伸虽长但宽度小于1m的竖向溶蚀裂隙和落水洞的近旁地段；溶洞已被充填密实，又无被水冲蚀的可能性；洞体较小，基础尺寸大于洞的平面尺寸；微风化硬质岩石中，洞体顶板厚度接近或大于洞跨。

岩溶地基稳定性的定性评价中，对裸露或浅埋的岩溶洞隙稳定评价至关重要。根据经验，可按洞穴的各项边界条件，对比影响其稳定的诸因素综合分析，作出评价。

（五）岩溶场地和地基的工程措施

由于岩溶场地工程地质条件的复杂性，场地和地基的工程处理一般需要根据具体场地岩溶发育的情况，以及各种工程的不同要求和特点，分别采取有针对性的工程措施，常见的处理措施有如下几种。

1. 建筑布局措施

场地上主要建筑物的位置应尽量避开岩溶发育强烈的地段，尽可能选择在非（弱）可溶岩分布地段；在总平面布局上，各类安全等级建筑物的布置应与岩溶发育程度或场地稳定程度相适应；当地形条件受限制时，某些生产工艺流程或特定建筑物要求必须布置在那些稳定性条件较差的地段时，应当将建筑物长轴方向布置于垂直或斜交岩溶发育带方向，其目的是尽量减少工程处理工作面。场地地坪设计标高应尽量与某一水平溶洞或洞隙带保持一定距离，或在场地整平中尽量将不利的岩溶洞隙带予以清除。建设场地应避开岩溶水位高且集中流动的地带，避免基础或地下构筑物拦堵地下水的正常流泻。当场地位于狭长的沟谷或封闭的洼地时，必须充分地估计岩溶地下水的季节性动态变化。对已查明的洞穴系统、巨大的溶洞或暗河分布区，当地面稳定性较差时，群体建筑物的布置宜绕避。

2. 建筑结构措施

基础结构型式应当有利于与上部结构协同工作，要求其具有适应小范围塌落变位能力并以整体结构为主，如配筋的十字交叉条基、筏基、箱基等。当基础下存在深、大的溶洞裂隙时，应当根据上部建筑荷载及洞隙跨度，选择洞隙两侧可靠岩体，采用有足够支撑的梁、板、拱或悬挑等跨越结构。

必须注意，随着人类工程建设的发展，建设场地将会越来越无法选择，因此结构方面的措施将会越来越多地被采取。

3. 岩溶地基处理措施

当条件允许时，在保证工程建筑安全基础上，为节约工程造价，应尽量采用浅基。注意充分利用上覆性能较好土层作为持力层，并使基底与洞体之间保留相当厚度的完整岩体。当遇到不稳定洞体时，应借助于钻孔灌注桩或墩穿过单个洞体，局部加深基础，使基础荷载传递到下部完好岩体之上。对于可能产生不均匀沉降的岩溶地基，如石芽密布、不宽的溶槽中有红黏土地基，应当首先清除洞隙后再以碎石或混凝土回填，有必要时可将石芽炸掉填平。当起伏不平的基岩面之上有厚度较大的软弱土层而又不易清除时，可考虑采用钢筋混凝土灌注桩基础(图9-11)。对于普遍分布有上覆松软土的覆盖型岩溶地基，可采用强夯法夯实土层，以减少上调或塌陷的形成。若洞隙较深且有地下水活动，也可以挖至一定深度再回填一定厚度的反滤料，反滤料之上再回填混凝土并同时留设排水孔。当溶洞深、跨度大、顶板薄时，可在洞底设置支撑物，加固洞顶。在对洞隙的处理过程中，一定要遵守地下水宜疏勿堵的原则，要合理地导水导气。对岩溶洞隙的处理还可采取填塞、跨越、灌注加固和绕避措施。

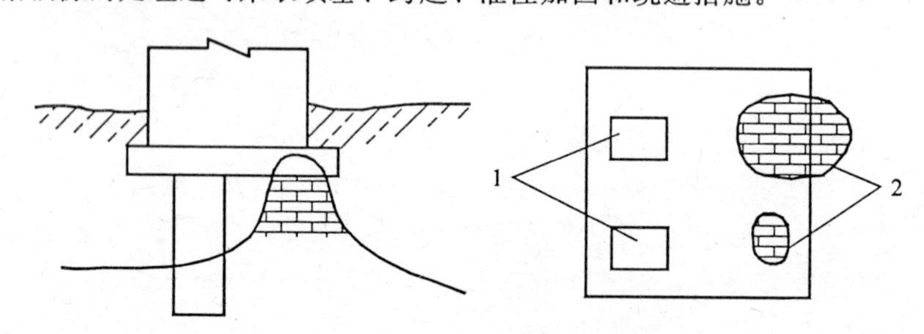

图9-11 处理石芽地基的支承桩

1. 支承桩；2. 石芽

二、土洞

(一) 土洞基本概念

土洞是指在覆盖型岩溶区，基岩面以上的部分土体随水流迁移后，引起地面变形破坏的作用和现象。土洞是岩溶地区一种特殊的不良地质现象，对地面工程的负面影响大。

土洞会对地面工程设施产生不良影响，主要是因为土洞的不断发展而导致地面塌陷，对场地和地基都造成危害。由于土洞较之岩溶洞穴来说，具有发育速度快、分布密度大的特点，所以它往往较溶洞危害要大得多。

(二) 土洞产生条件

土洞和地面塌陷的产生，与岩溶区特定的岩性、地质结构、水文地质和地形地貌条件有关。土洞的形成主要是潜蚀作用导致的，是地下水流在土体中溶蚀和冲刷作用的结果。

如果土体内含有可溶成分，地下水流先将土中可溶成分溶解，而后将细小颗粒从大颗粒间的孔隙中带走。这种溶蚀主要使土中颗粒间的联结性减弱和破坏，从而使颗粒分离和散开，为机械潜蚀创造条件。

如果土体内不含有可溶成分，则地下水流仅将细小颗粒从大颗粒间的孔隙中带走，即机械潜蚀。其实机械潜蚀也是冲刷作用之一，也称内部冲刷，同样破坏土的结构，使土的强度降低。

（三）土洞的类型

土洞可分为由地表水下渗发生机械潜蚀作用形成的土洞和岩溶水流潜蚀作用形成的土洞。

1. 由地表水下渗发生机械潜蚀作用形成的土洞

其主要形成因素有三点。

(1) 土层的性质。土层的性质是造成土洞发育的根据。含碎石的亚砂土层内最易发育土洞。

(2) 土层底部必须有排泄水流和土粒的良好通道。

(3) 地表水流能直接渗入土层中。地表水渗人土层内有三种方式：第一种是利用土中孔隙渗入；第二种是沿土中的裂隙渗入；第三种是沿一些洞穴或管道流入。

2. 由岩溶水流潜蚀作用形成的土洞

这类土洞与岩溶水有水力联系，它分布于岩溶地区基岩面与上覆的土层（一般是饱水的松软土层）接触处。

由于岩溶地区的基岩面与上覆土层接触处分布有一层饱水程度较高的软塑至半流动状态的软土层，当地下水在岩溶的基岩表面附近活动时，水位的升降可使软土层软化，地下水的流动能在土层中产生潜蚀和冲刷，可将软土层的土粒带走，于是在基岩表面处被冲刷成洞穴，这就是土洞形成过程。

（四）防治措施

地面塌陷的防治应包括预防和治理两个方面。

预防地面塌陷的根本对策是减少或杜绝岩溶充填物和第四系松散覆盖物被地下水侵蚀、掏刷。为此在覆盖型岩溶区进行场地规划时，必须在做好地质勘察调查的基础上，进一步查明或消除可能导致塌陷的因素，完成预防地面塌陷的供排水总体设计，将重要工程设施安置在稳定地段，对必须设置在塌陷区的工程设施，要有相应的防止塌陷的措施。

岩溶地面塌陷多数是由于抽（排）地下水引起的，所以在布设供水源地的抽水井孔和矿山疏干时，应做到：抽水井孔应尽量远离生活和生产区，多井孔布置时应尽可能分散；控制抽水量和降深，使地下水位始终保持在基岩面以上；抽水井筒应设置合理的过滤器；在浅部开口岩溶发育且与覆盖层水力联系密切时，应将浅部岩溶水封堵，用深管井开采岩溶水；不宜采用强排疏干方案，水位应缓慢下降；矿井突水时应采用封堵和引排，进行控制性放水，并避免和减少地表水进入矿井。还要对地面塌陷进行监测，若观察到塌陷的前兆，应及时提出警报。

治理地面塌陷应针对塌陷形成的基本环境因素，从堵塞水流、加固土体及洞穴堆积物、填堵岩溶通道三方面考虑，因地制宜地采用多种措施。常用措施方法有：回填塌陷坑、灌浆堵洞、河道改道、强夯加固坑土、跨越（塌陷坑）结构和深基础等。各种措施可综合采用。

第四节 地裂缝与地面沉降

一、地裂缝

（一）地裂缝概念

地裂缝是地表岩、土体在自然或人为因素作用下产生开裂，并在地面形成裂缝的地质现象。如果这种地质现象发生在有人类活动的地区，则可能会对人类生产与生活构成危害，称之为地裂缝灾害。

地裂缝属于裂隙的一种特殊形态，常常是一些地质作用（如地震、地面沉降或塌陷等）的附属产物，与断裂不同。地裂缝成因多种多样，出露于地表张开成缝，宽度变化大，存在时间较短，时隐时现；而断裂深入地下，延伸长，规模大，是较强构造运动的结果。同时，构造地裂缝与断裂活动也存在一定关系，它们有时是活动断裂在地表的露头。

（二）地裂缝类型及其特征

地裂缝按其成因分为构造地裂缝、非构造地裂缝和混合成因地裂缝三类。构造地裂缝是指由内动力地质作用产生的，包括地震地裂缝（也称构造速滑地裂缝）、区域微破裂开启型地裂缝和构造蠕变地裂缝三种。非构造地裂缝是指由外动力地质作用和人类活动作用而引起的岩土层裂缝，如膨胀土地裂缝、黄土地裂缝、冻土地裂缝、盐丘地裂缝、干旱地裂缝、地面塌陷地裂缝、滑坡地裂缝、地面不均匀沉降引起的地裂缝等。实际上，有许多地裂缝是几种因素综合作用的结果，称之为混合成因地裂缝。表 9－3 列举了一些常见的地裂缝。

表 9－3 地裂缝成因类型及特征

类别	主导原因	动力类型	种别	地裂缝特征
构造地裂缝	内动力地质作用	断裂活动	地震地裂缝	1. 规模大，延伸远，有明显的方向性； 2. 不同方向的地震断层往往呈有规律的组合，反映了震区主要的构造方向和控制地质构造的区域应力场或局部应力场； 3. 裂隙两侧在水平方向和垂直方向上都有明显的位移，位移量的大小取决于震级； 4. 不受岩性和其他边界条件的影响
			构造蠕变地裂缝	1. 裂缝与蠕滑断层活动方式一致； 2. 裂缝活动是断层活动的表现； 3. 裂缝发生时间不受季节限制； 4. 裂缝时隐时现、时强时弱、时断时续； 5. 规模较大，延伸长，裂缝带长几千米至十几千米，宽几米至几十米
构造地裂缝	内动力地质作用	区域微破裂开启活动	区域微破裂开启型地裂缝	1. 多组共生，各地区地裂缝相互对应，具有区域性发育特征； 2. 共轭的剪切地裂缝常呈网络状； 3. 单条地裂缝延伸较短，常成群成片出现； 4. 初期地裂缝常隐伏于地表层之下，降雨或浇地后显露出来； 5. 常伴生陷坑、陷穴，多呈串珠状

续表 9－3

类别	主导原因	动力类型	种别	地裂缝特征
非构造地裂缝	外动力地质作用	特殊土	膨胀土地裂缝	1. 数量多，分布广，危害大； 2. 规模小，长度一般在数十米之内，超过 100m 者极少见； 3. 一般以竖向开裂为主，尤其在地面以下 2m 之内最为常见，往下斜交剪切裂隙发育，并将土体切割成菱形小块，裂隙间距小而密集； 4. 膨胀土地裂缝常以暗裂形式发育
			黄土地裂缝	1. 地裂缝常常环绕着洼地周围，或者呈向心状展布，或者呈环形状展布； 2. 延伸短，且无一定方向； 3. 裂面粗糙、直立，上宽下窄，延伸小
			冻土地裂缝	1. 与冻胀丘有关，个体较大的冻胀丘常伴随放射状地裂缝，坡度较缓的冻胀丘常常被地裂缝切割成块状，多个冻胀丘呈线列排列时，则主干地裂缝呈现断续的雁列式； 2. 规模一般较小，单条裂缝长数米，宽几厘米，深数十米
			盐丘地裂缝	1. 受盐丘形状、大小所控制，一般地，平顶状盐丘可产生平行地裂缝，穹隆状、蘑菇状盐丘多产生放射状地裂缝，近似直立圆柱体盐丘的边缘常形成弧状或者环状的地裂缝，顶部低凹的盐丘形成向心状地裂缝； 2. 盐丘地裂缝平面范围一般限制在盐丘范围内，盐丘直径一般在数千米之内
			干旱地裂缝	1. 主要在土层的表层，切割深度一般在 1m 左右，个别也有深达 4～5m 的情况； 2. 一般规模较小，不规则，没有明显的方向性和组合关系，常表现为龟裂形式； 3. 只见于松散沉积物内，裂缝两侧没有明显的相对位移，裂缝呈楔形，宽度随深度和沉积层的湿度增大而减小，至含水层即消失； 4. 在松散沉积物中，裂缝也只发生在地势较高的低丘和波状平原高处的脊部和前缘，而不在接近地面的低洼地带出现； 5. 出露范围小，仅 1 至几平方千米
		自然重力作用	岩溶塌陷地裂缝	1. 地裂缝与局部塌陷经常同时突然发生； 2. 与原岩构造有关，分布有一定规律； 3. 裂缝的宽度和深度较大，其两侧常见大幅度的垂直位移，而水平位移极少见； 4. 局限于易溶岩分布地区； 5. 裂缝形态为弧形、直线形、封闭圆形或同心圆形，裂面倾角陡，一般为 70°～80°
	人类活动作用	次生重力或动荷载	滑坡地裂缝	1. 在滑坡的孕育和滑移过程中，一般沿着山坡等高线开裂或呈弧形开裂； 2. 裂缝走向与其在滑体上所处的部位有关，一般地，滑体前后缘的裂缝基本平行于滑动方向，中部的裂缝垂直于滑动方向，两侧的裂缝与滑动方向斜交，其中垂直于滑动方向的裂缝最常见； 3. 裂缝两侧有明显的垂直位移，垂直于滑动方向的裂缝，常将滑坡切成阶梯状； 4. 因滑坡往往是缓慢地、间歇性地移动，故其地裂缝通常是反复多次形成
			地震次生地裂缝	1. 多呈树枝状，少数为管状、蘑菇状、袋状，线型裂缝连续性好，且边界齐整； 2. 常以垂直错动为主，兼有水平错动； 3. 多呈张性； 4. 规模和分布面积与地震大小有关，分布面积可达几万平方千米； 5. 裂缝一般出现在地震裂度Ⅵ度以上的地区
			人工洞室塌陷地裂缝	1. 规模受人工洞室规模和洞室上覆岩土厚度及性质等控制； 2. 规模大小不等，一般长达十几米至几十米，最长可达几百米，一般宽度在 1m 以内； 3. 几何形态有直线状、折状、弧状、分叉状

二、地面沉降

地面沉降指地层在各种因素的作用下，造成地层压密变形或下沉，从而引起区域性的地面标高下降。

（一）地面沉降的成因机制和形成条件

1. 地面沉降的成因机制

由于地面沉降的影响巨大，因此早就引起了各国政府和研究人员的密切注意。早期研究者曾提出一些不同的观点，如新构造运动说、地层收缩说和自然压缩说、地面动静荷载说、区域性海平面上升说等。大量的研究证明，过量开采地下水是地面沉降的外因，中、高等压缩性黏土层和承压含水层的存在则是地面沉降的内因。因而多数人认为地面沉降是由于过量开采地下水、石油和天然气、卤水以及高大建筑物的超量荷载等引起的。

在孔隙水承压含水层中，抽取地下水所引起的承压水位的降低，必然要使含水层本身及其上、下相对隔水层中的孔隙水压力随之而减小。根据有效应力原理可知，土中覆盖层荷载引起的总应力是由孔隙中的水和土颗粒骨架共同承担的。由水承担的部分称为孔隙水压力，它不能引起土层的压密，故又称为中性压力；而由土颗粒骨架承担的部分能够直接造成上层的压密，故称为有效应力；二者之和等于总应力。假定抽水过程中土层内部应力不变，那么孔隙水压力的减小必然导致土中有效应力等量增大，结果就会引起孔隙体积减小，从而使土层压缩。

由于透水性能的显著差异，上述孔隙水压力减小、有效应力增大的过程，在砂层和黏土层中是截然不同的。在砂层中，随着承压水头降低和多余水分的排出，有效应力迅速增至与承压水位降低后相平衡的程度，所以砂层压密是瞬时完成的。在黏性土层中，压密过程进行得十分缓慢，往往需要几个月、几年甚至几十年的时间，因而直到应力转变过程最终完成之前，黏土层中始终存在有超孔隙水压力（或称剩余孔隙水压力），它是衡量该土层在现存应力条件下最终固结压密程度的重要指标。

相对而言，在较低应力下砂层的压缩性小且主要是弹性、可逆的，而黏土层的压缩性则大得多且主要是非弹性的永久变形。因此，在较低的有效应力增长条件下，黏性土层的压密在地面沉降中起主要作用，而在水位回升过程中，砂层的膨胀回弹则具有决定意义。

此外，土层的压缩量还与土层的预固结应力（即先期固结应力）、土层的应力-应变性有关。由于抽取地下水量不等而表现出来的地下水位变化类型和特点也会对土层压缩产生一定的影响。

2. 地面沉降的产生条件

从地质条件，尤其是水文地质条件来看，疏松的多层含水层体系、水量丰富的承压含水层、开采层影响范围内正常固结或欠固结的可压缩性厚层黏性土层等的存在，都有助于地面沉降的形成。从土层内的应力转变条件来看，承压水位大幅度波动式的持续降低是造成范围不断扩大的累进性应力转变的必要前提。

（二）地面沉降的防治

地面沉降与地下水过度开采紧密相关，只要地下水位以下存在可压缩地层就会因过量开采地下水而出现地面沉降，而地面沉降一旦出现则很难治理，因此地面沉降主要在于预防。

目前，国内外预防地面沉降的主要技术措施大同小异，主要包括建立健全地面沉降监测网络，加强地下水动态和地面沉降监测工作；开辟新的替代水源、推广节水技术；调整地下水开采布局，控制地下水开采量；对地下水开采层位进行人工回灌；实行地下水开采总量控制、计划开采和目标管理。

除上述措施外，还应查清地下地质构造，对高层建筑物的地基进行防沉降处理。在已发生区域性地面沉降的地区，为了减轻海水倒灌和洪涝等灾害损失，还应采取加高加固防洪堤、防潮堤以及疏导河道，兴建排涝工程等措施。

复习思考题

1. 风化作用可分为几类，它们是怎样形成的，各有何特点？
2. 岩石的风化程度和风化带如何划分，岩石风化如何治理？
3. 河流地质作用有哪些地质现象，河流各段的水流动态侵蚀堆积有何关系，地壳升降与河谷发展有何关系？
4. 河岸侵蚀和淤积如何判断与防护？

第三篇　工程地质问题的认识与分析

第十章　常见工程地质问题分析

第一节　房屋建筑工程地质问题

一、地基承载力确定

地基承载力是指地基土单位面积上所承受的荷载，通常分为极限承载力和允许承载力两种。使地基土发生剪切破坏并最终导致地基失去整体稳定性的最小基础底面压力称为地基极限承载力。作用在基底的压应力不超过地基的极限承载力，有足够的安全度，而且所引起的变形不能超过建筑物的允许变形，满足以上要求的地基单位面积上所能承受的荷载为地基的允许承载力。

地基承载力不仅决定于地基土的性质，还受基础形状、荷载性质、覆盖层、地下水及下卧层等制约。在确定地基承载力时，应结合当地建筑经验综合考虑，对一级建筑物采用载荷试验、理论公式计算及原位试验方法综合确定，对二级建筑物可按当地有关规范查表，或原位试验确定，有些二级建筑物尚应结合理论公式计算确定，对三级建筑物可根据邻近建筑物的经验确定。

地基承载力的具体确定方法如下。

（一）载荷试验法

它根据载荷试验的 $P-s$ 曲线确定（图 10－1）。如果 $P-s$ 曲线上能够明显地区分三个阶段，则可以较方便地定出该地基的比例界限荷载 P_{cr} 和极限承载力 P_u。如果 $P-s$ 曲线上没有明显的三个阶段，这时根据实践经验，可以取对应于沉降 $s=0.01-0.02b$（b 为荷载板宽度或直径）时的荷载作为地基承载力。

（二）理论公式法

它根据地基承载力理论公式确定。根据土力学理论，由地基中的应力分布和土的极限平衡状态理论可以得到基础下塑性区开展的最大深度 z_{max}，当 $z_{max}=0$ 时（也即地基中即将发生塑性区时）相应的荷载就是比例界限，也称为临塑荷载。当允许地基中塑性区发展到一定范围时相应的荷载称为临界荷载。对于极限承载力，可在采用不同的假定条件下，可导得许多极限承载力公式，如普朗特尔地基极限承载力公式、斯肯普顿地基极限承载力公式、太沙

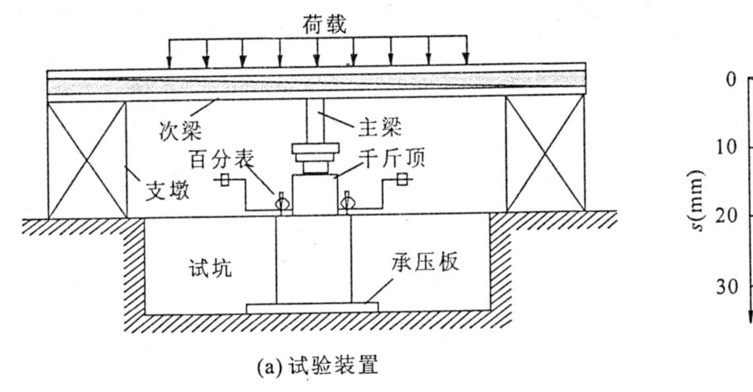

(a) 试验装置

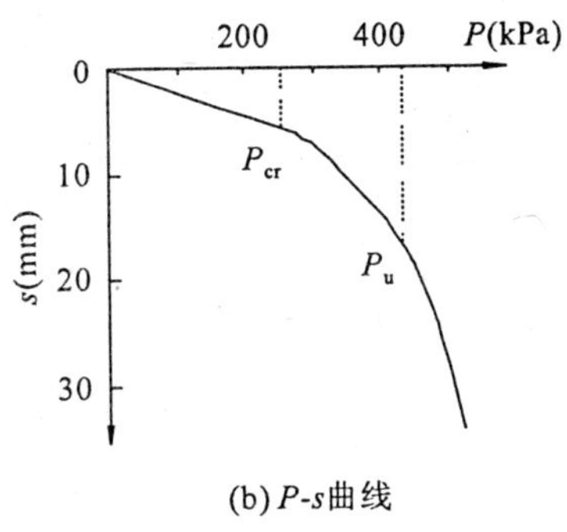

(b) P-s曲线

图 10-1　载荷试验

基地基极限承载力公式等。

（三）设计规范法

在地基基础等设计规范中给出了各类土的地基承载力经验值，通常又称经验法。这些经验值是根据各类土所做的大量载荷试验资料，以及工程经验经过统计分析而得到的，通常具有一定的代表性。

《建筑地基基础设计规范》(GB 50007—2002)规定：由载荷试验测定的地基土压力变形曲线线性变形段内所对应的压力值，为地基承载力特征值。而从载荷试验或其他原位测试、经验值等方法确定的地基承载力特征值经深宽修正后的地基承载力值，称为修正后的地基承载力特征值。按理论公式计算得来的地基承载力特征值不需修正。

二、基础持力层选择

（一）承载力和变形要求

所选持力层及下卧层首先要满足承载力和变形要求。建筑物的用途、有无地下室、设备基础、地下设施等条件都会对基础持力层的选择产生影响。对不均匀沉降较敏感的建筑物，如层数不多而平面形状又较复杂的框架结构，应选择坚实、均匀土层作持力层。对主楼和裙房层数相差较大的建筑物，应根据承载力的不同选择两个不同的持力层，以保证沉降的相互协调。对有上拔力或承受较大水平荷载的建筑结构，桩基应尽量深埋，选择的桩基持力层要能满足抗拔要求。对动荷载作用的建筑物不能选择饱和疏松的砂土作持力层，以免发生砂土液化。

（二）地下水条件

选择持力层应注意地下水的类型、埋藏条件和动态。如果选择地下水位以下的土层作为持力层，则应考虑可能出现的施工与设计问题。例如，施工中排水出现涌土、流沙现象的可能性；地下水对基础材料的化学腐蚀作用等。对于地下水的升降问题尤其要注意，以免出现负摩阻力，降低桩基的承载能力。另外，还要考虑场地所在区域的地震地质条件的影响。根据区域地质构造、历史地震情况记录等资料，判断地层断裂活动的强烈程度，并对场地内的细砂、粉土等土层的稳定性进行评价。在此基础上，持力层的选择才更加合理，更加安全。

三、地基沉降变形

建筑物的地基变形计算值，不应大于地基变形允许值。地基变形特征可分为沉降量、沉降差、倾斜、局部倾斜。对于甲、乙级建筑物和部分丙级建筑物，应进行变形计算。房屋建筑与构筑物地基变形量（或地基最终沉降量）的计算，目前最常用的是分层总和法，地基内的应力分布，可采用各向同性均质线性变形体理论，具体计算可参见土力学等有关知识。

（一）计算深度确定

在确定的计算深度下部仍有较软土层时，应继续计算。若计算深度范围内存在基岩，计算深度可取至基岩表面。当存在较厚的坚硬黏性土层，其孔隙比小于0.5，压缩模大于50MPa，或存在较厚的密实砂卵石层，其压缩模量大于80MPa时，计算深度可取至该层土表面。

（二）相邻荷载影响

计算地基变形时，应考虑相邻荷载的影响，其值可按应力叠加原理，采用角点法计算。当场地、地基整体稳定且持力层为完整、较完整的中、微风化岩体时，可不进行地基变形验算。在地基沉降预测中宜考虑地基土层渗透性、后期地面填方和相邻建筑的影响。

四、基坑开挖问题

为了利用有限的空间及降低基底的净压力，地表以下往往设有1～3层地下室，有的甚至达6层。基坑开挖过程中，常遇到基坑壁过量位移而滑塌、基坑底回弹（或隆起）、坑底渗流（或突涌）、基坑流沙等基坑稳定性问题。为防止这些问题出现，使基坑开挖与基础施工顺利进行，需要采取相应的防护措施。

（一）基坑稳定性问题

1. 基坑回弹变形

基坑开挖是一种卸荷过程，开挖越深，初始应力状态的改变就越大（图10－2），这就不可避免地引起坑底土体的隆起变形，有的甚至可能由于受到过大的切应力而导致基底隆起失效。基坑回弹（隆起）不只限于基坑的自身范围，对邻近建筑物或设施均产生影响。必要时在组织施工开挖过程中对坑内外地面进行变形监测，供及时分析和采取措施之需。

控制基坑回弹（隆起）的措施可采用降低地下水位、冻结法或在基坑开挖后立即浇注相等质量的混凝土，使基坑的回弹量尽可能减小。

2. 基坑突涌问题

如果基坑在黏性土中开挖，且坑底下有承压水存在时，当上覆土层减到一定程度时，承压水水头压力便冲破基坑底板造成渗流或突涌现象，此时须进行坑底抗渗流稳定性验算。一般要求基坑底土层渗透稳定抗力分项系数大于1.2，如果验算的分项系数小于1.2，应采取必要的措施，如降水等。

3. 基坑流沙问题

当基坑底以上黏性土中夹有砂土或粉土，或者当基坑底部为砂土或粉土，且地下水位较高，基坑开挖揭露这些夹层时，随着基坑开挖加深，水力坡度加大，当动水压力超过砂土或粉土颗粒自重使土颗粒悬浮时，砂或粉土与水一起涌入基坑中，便产生流沙现象。

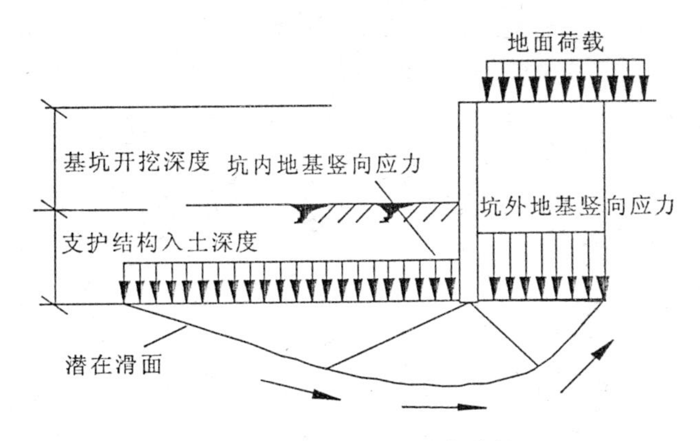

图 10-2　基坑开挖受力分析

影响流沙现象的因素较多，主要是土的颗粒级配、结构及埋藏条件等。开挖后当水力坡度超过临界水力坡度，又具有以下条件时，就更容易产生流沙现象。

（1）土的颗粒组成中，黏粒含量小于10%，粉、砂粒含量大于75%。

（2）土的不均匀系数小于5。

（3）土的含水量大于30%。

（4）土的孔隙比大于0.75或土的孔隙度大于43%。

（5）在黏性土有砂夹层的土层中，砂土或粉土层的厚度大于25cm。

4. 基坑边坡稳定性

在房屋建筑与构筑物的基坑开挖中，在没有采用支护结构之前，基坑边坡整体稳定性一般采用极限平衡理论中的条分法（一般为黏性土）进行估算，从而可确定最危险的滑动面和稳定系数。对于岩质边坡可根据边坡主控裂隙采用平面滑动法进行计算。

（二）地下水控制

当基坑开挖至地下水位以下时，为了防止因地下水作用而引起的渗流、流沙、管涌、坑底隆起、边坡滑塌以及坑外地层过度变形等，保证施工过程处于疏干和稳定的工作条件下进行开挖，必须做好对地下水的控制工作。基坑工程控制地下水的方法有降低地下水位与隔离地下水两类。对于弱透水地层中的浅基坑，当基坑环境简单、含水层较薄、降水深度较小时，可考虑采用集水明排的方法；在其他情况下宜采用降水井降水、隔水措施隔水、降水与隔水综合措施。常用的控制措施包括以下几种。

1. 基坑降水

基坑降水常用的方法是明沟排水和井点降水。明沟排水就是在基坑内或基坑外设置排水沟、集水井（坑），用抽水设备将地下水从集水井（坑）中排出；井点降水是将带有滤管的降水工具沉没到基坑四周的土中，利用各种抽水工具，在不扰动土结构的情况下，将地下水位下降至基坑底部以下，以利于基坑的开挖。

2. 基坑隔水

基坑隔水就是采取隔离地下水的措施，阻止地下水向基坑内流动。主要措施有地下连续墙、连续排列的排桩墙、隔水帐幕、坑底水平封底隔水等。

采用隔水应因地制宜，必须查清场区及邻近场地的地层结构、水文地质特征，了解地下水渗流规律、基坑出水量、隔水帐幕内外的水压力差和坑底浮力，以此作为隔水帐幕或封底底板厚度设计的依据。隔水帐幕及封底底板设计应经过计算分析或结合已有工程经验进行，必要时应通过现场试验，确定设计方案、施工参数，并采取保证质量的措施。

第二节　洞室围岩工程地质问题

一、围岩稳定性影响因素

洞室修筑之前，首先要选择适宜的工程位置或线路，这就要研究该地区的地质情况，并分析围岩稳定因素。影响围岩稳定的因素有天然的，也有人为的。天然因素中经常起控制作用的主要有岩石特性、地质构造、地下水和岩溶作用。弄清这些主要因素，对围岩稳定性作出的分析才会比较客观。

（一）地质因素

1. 地层岩性

坚硬完整的岩石一般对围岩稳定性影响较小，而软弱岩石则由于强度低，抗水性弱，受力后容易变形和破坏，对围岩稳定性影响较大。

岩浆岩、变质岩中大部分岩石均是坚硬完整的，如新鲜未风化的花岗岩、闪长岩、玄武岩等，一般对于深度不超过500m、跨度不超过10m的洞室，这些岩石的强度能够满足围岩稳定的要求。但有些岩石是软弱的，如黏土质片岩、绿泥石片岩、千枚岩和泥质板岩等，在这些岩石中开挖洞室易坍塌。

沉积岩较复杂，其强度比岩浆岩和变质岩要差。除胶结良好的砂岩、砾岩和石灰岩、白云岩比较坚硬外，大都比较软弱，如泥质砂岩、钙质页岩、黏土岩、石膏、岩盐、煤，还有胶结不良的砂岩、砾岩和部分凝灰岩等。

疏松土层总的说来强度低，易变形，若无特殊措施，在其中开挖大跨度洞室是十分困难的。

2. 地质构造

1）层状岩体

隧道通过坚硬和软弱相间的层状岩体时，易在接触面处变形或坍落。洞室应尽量设置在坚硬岩层中，或尽量把坚硬岩层作为顶板（图10-3）。

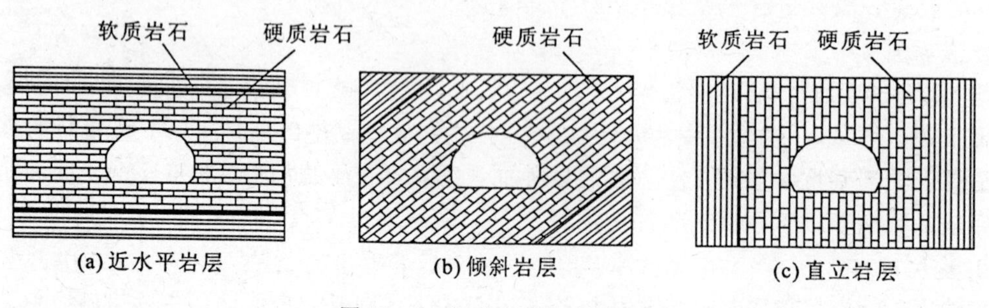

(a)近水平岩层　(b)倾斜岩层　(c)直立岩层

图10-3　层状岩层中的隧道

2）褶曲构造

褶皱的形式、疏密程度及其轴向与洞室轴线的交角不同，围岩稳定性是不同的，洞身横穿褶皱轴比平行于褶皱有利；洞室沿背斜轴部通过，洞顶围岩向两侧倾斜，由于拱的作用，有利于洞顶围岩稳定；而向斜则相反，两侧岩体倾向洞内，并因洞顶存在张裂，对围岩稳定不利，另外，向斜轴部易储聚地下水，且多承压，更削弱了岩体稳定性；通过复杂形式褶皱，如平卧的、倒转的，对围岩稳定的影响各不同，应作具体分析。

3）断层构造

洞室通过断层，若断层带宽度愈大，走向与洞轴交角愈小，它在洞内的出露距离便愈长，对围岩稳定性的影响便愈大。断层带破碎物质的碎块性质及其胶结情况也都影响围岩稳定性。在断层带还应特别注意以下几点。

（1）断层泥、未胶结的糜棱岩、片状岩或揉皱带，一般在构造岩带中起软弱层的作用，要特别注意其分布特点和力学性质。

（2）胶结的角砾岩和紧密的压碎岩具有一定强度，稳定性尚好；未胶结或疏散的压碎岩，稳定性很差。

（3）断层带中地下水的运移方式和富集情况各异，也常是分析围岩稳定性的重要依据。

3. 岩体结构

岩体结构对围岩破坏起着控制性的作用。

（1）块状结构的岩体作为地下洞室的围岩，其稳定性主要受结构面的发育和分布特点所控制。围岩压力主要来自最不利的结构面组合，同时与结构面和临空面的切割关系有密切关系。

（2）层状或块状岩体的围岩破坏，常由几组结构面组合构成一定几何形态的结构分离体，易出现围岩分离体的坍落、滑塌，但仅在分离体的尺寸小于洞室尺寸的情况下围岩才不稳定。

（3）碎裂结构围岩的破坏往往是由于变形过大，导致块体间相互脱落，连续性被破坏而发生坍塌，或某些主要连通结构面切割而成的不稳定部分整体冒落，其稳定性最差。

4. 地下水

当洞室处于含水层中或围岩透水性强时，地下水的影响更为明显。静水压力作用于衬砌上，等于给衬砌增加了一定的荷载。因此，衬砌强度和厚度设计时，应充分考虑静水压力的影响。此外，静水压力使结构面张开，减小了滑动摩擦力，从而增加了围岩坍塌、滑落的可能性。动水压力的作用促使岩块沿水流方向移动，也冲刷和带走裂隙内的细小矿物颗粒，从而增加了裂隙的张开程度，增加了围岩的破坏程度。地下水对岩石的溶解作用和软化作用，也降低了岩体的强度，影响围岩的稳定性。

对于有压洞室，还应考虑内水压力与外水压力对其稳定性的影响，地下水对洞室混凝土衬砌还有一定腐蚀性，也应引起足够的重视。

5. 构造应力

构造应力随地下洞室的埋深增加而增大，因此一般地下洞室埋藏越深，其稳定性越差。一般地质构造复杂的岩层中构造应力十分明显，尽量避开这些岩层，这对地下洞室的稳定非常重要。构造应力具有明显的方向性，沿构造应力最大主应力方向延伸的地下洞室比垂直最大主应力方向延伸的地下洞室稳定；构造应力最大主压应力方向水平或近于水平并垂直洞室轴线的情况下，可使顶围和底围不出现拉应力，所以它对顶围、底围的稳定有利。

（二）工程因素

工程因素包括隧道的埋深、几何形状、跨度和长度、施工方法、围岩暴露时间及衬砌类型等，这些因素影响围岩应力的大小和性质。

二、围岩稳定性评价方法

围岩稳定性评价是地下洞室岩土工程研究的核心，一般采用定性评价与定量评价相结合的方法进行。定性评价是根据工程设计要求对洞址区的工程地质条件进行综合分析，并按一定的标准和原则对洞室围岩进行分类和分段，找出可能产生失稳的部位、破坏形式及其主要影响因素。定量评价是根据一定的判据对围岩进行稳定性定量计算。目前工程上常用稳定性系数来反映围岩的稳定性。所谓稳定性系数是指围岩强度与相应的围岩应力之比，常用 η 表示。当 $\eta=1$ 时，围岩处于极限平衡状态；当 $\eta>1$ 时，围岩稳定；当 $\eta<1$ 时，则围岩不稳定。

（一）定性评价

实践经验表明，一般地下洞室围岩的失稳与破坏通常发生在下列部位：破碎松散岩体或软弱岩类分布区，包括风化和构造破碎带岩体分布区；力学强度低、遇水易软化、膨胀崩解的黏土质岩类分布区；裂隙结构岩体及半坚硬层状结构岩体分布区；坚硬块状及厚层状岩体在多组软弱结构面切割并在洞壁上构成不稳定分离体的部位；洞室中应力急剧集中的部位，如洞室间的岩柱和洞室形状急剧变化的部位。以上这些部位通常是围岩失稳的部位，特别是在有地下水活动的情况下，最容易形成大规模的塌方。因此，选择地下洞室场址时，应尽量避开以上不稳定部位或减少这类不稳定地段所占的比重。

对于一般地下洞室，围岩稳定的地质标志也是比较明确的，如新鲜完整的坚硬或半坚硬岩体，裂隙不发育、没有或仅有少量地下水活动的地区；新鲜的坚硬岩体，裂隙虽较发育但均紧密闭合且连续性较差，不能构成不稳定分离体，且地下水活动微弱或没有的地区，这些地区的洞室围岩通常是十分稳定的。

地质条件介于上述两大类之间者，是属于稳定性较好至较差的过渡类型。

（二）定量评价

1. 围岩的整体稳定性计算

对于整体状或块状岩体，可视为均质的连续介质，其围岩稳定性分析，除研究局部不稳定影响外，应着重于围岩整体稳定的力学计算。计算方法是根据围岩中分布应力的计算或实测结果，求出围岩中的最大拉应力或压应力，将其与岩体的抗拉或抗压强度比较，来评价围岩的稳定性。

2. 围岩的局部稳定性计算

在裂隙岩体中，由于结构面的切割，在围岩的某些部位形成不稳定分离体。如图 10-4 所示，若结构面走向与洞室轴线平行，可取垂直于洞室轴线的剖面进行研究。

（1）洞顶分离的稳定性。如图 10-4 所示，在洞顶由 L_1、L_2 两组结构面切割成三角分离体 ABC。分离体的稳定性系数 η 为：

$$\eta=\frac{T}{W_1}=\frac{2(T_{j1}L_1+T_{j2}L_2)(\cot\alpha+\cot\beta)}{L_3^2\gamma} \qquad (10-1)$$

式中：α、β——结构面的倾角，°；

T_{j1}，T_{j2}——结构面的抗拉强度，kPa；

L_1、L_2——结构面的长度，m；

L_3——分三角分离体宽度，m；

γ——岩体重度，kN/m^3。

当 $\eta \geqslant 2$ 时分离体稳定，反之不稳定。

(2) 侧壁分离体的稳定性。如图 10-4 所示，侧壁分离体在自重 W_2 的作用下沿 L_4 滑动，而后缘切割面 L_2 的抗拉强度可忽略。这时分离体 DFE 的稳定系数为：

$$\eta = \frac{W_2 \cos\alpha \tan\varphi + cL_4}{W_2 \sin\alpha} \qquad (10-2)$$

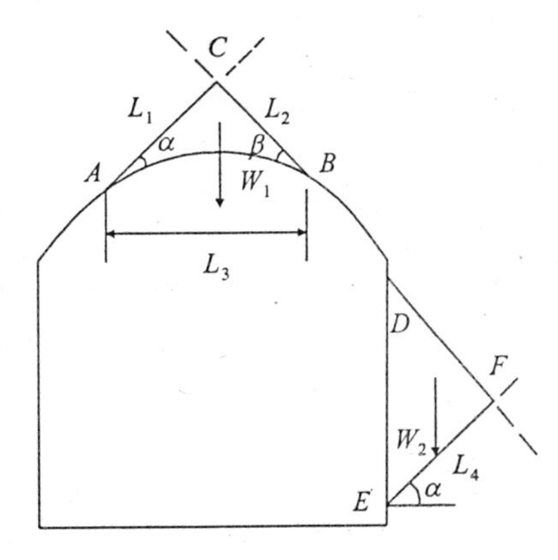

图 10-4　洞顶洞壁分离体稳定性分析

式中：c——结构面 L_4 的黏聚力，kPa；

φ——结构面 L_4 的内摩擦角，°；

α——结构面 L_4 的倾角，°；

L_4——结构面的长度，m。

三、围岩的工程地质分类

围岩分类是地下建筑物围岩稳定性分析的基础。通过围岩分类可大致确定隧道开挖的难易程度、采用的施工方法、支护类型及设计所需参数。围岩分类应采用多因素多指标、定性和定量相结合的原则。国内外没有统一的分类方法。一个好的分类应当具备下述基本要求：类别明确，特征突出，符合实际，简便易行，并且应能经得起工程实践的检验。下面以我国铁路部门为例加以说明。

目前，我国铁路部门采用的铁路隧道围岩分类是以围岩结构完整状态及其稳定性为基本因素，并考虑了围岩的强度、风化程度、围岩组合特征及地下水作用等因素的分类。具体划分方法如下。

1. *岩石等级划分*

首先依据岩石试件的抗压极限强度 R_b，将岩石分为硬质岩和软质岩（表 10-1）。

表 10-1　岩石等级划分

岩石类型	硬质岩		软质岩	
	坚硬岩	中硬岩	较软岩	软岩
饱和单轴抗压强度 R_b (MPa)	>60	30～60	15～30	5～15

2. *围岩受地质构造的影响程度划分*

在岩石强度基础上，进一步考虑褶皱及断裂构造对围岩稳定性影响程度进行划分（表 10-2）。

表 10-2　围岩受地质构造影响程度的等级划分

等级	地质构造作用特征
轻微	地质构造变动小，无断裂（层）；层状岩一般呈单斜构造，节理不发育或稍发育
较重	地质构造变动较大，位于断裂（层）或褶曲的临近地段，可有小断层；节理较发育
严重	地质构造变动强烈，位于断裂（层）或褶曲影响带内；软岩多见扭曲及拖拉现象，节理发育
很严重	位于断裂破碎带内，节理很发育，岩体破碎呈块状、角砾状

3. 围岩节理裂隙程度划分

按节理裂隙的组数、密度、长度、张开度及填充情况，对节理裂隙的发育情况分级，见表 10-3。

表 10-3　节理发育程度分级

发育程度等级	基本特征	附注
节理不发育	节理 1～2 组，规则，构造型，间距在 1m 以上，多为密闭节理；岩体被切割成巨块状	对基础工程无影响，在不含水且无其他不良因素时，对岩体稳定性影响不大
节理较发育	节理 2～3 组，呈 X 型，较规则，以构造型为主，多数间距大于 0.4m，多为密闭节理，少有充填物；岩体被切割成大块状	对基础工程影响不大，对其他工程可能产生一定影响
节理发育	节理 3 组以上，不规则，以构造型或风化型为主，多数间距小于 0.4m，大部分为张开节理，部分有充填物；岩体被切割成小块状	对工程建筑物可能产生很大影响
节理很发育	节理 3 组以上，以风化型或构造型为主，多数间距小于 0.2m，以张开节理为主，一般均有充填物；岩体被切割成碎块状	对工程建筑物产生严重影响

4. 层状岩层的厚度划分

层状岩层按厚度划分巨厚层、厚层、中厚层及薄层，见表 10-4。

表 10-4　层状岩层的厚度划分

名称	巨厚层	厚层	中厚层	薄层
层厚 h（m）	$h>1.0$	$1.0\geqslant h>0.5$	$0.5\geqslant h>0.1$	$h\leqslant 0.1$

5. 地下水

地下水对坑道围岩稳定状况的影响主要表现为以下几点。

（1）降低岩体强度，加速岩体风化，增大坑道围岩的压力和变形。

（2）润湿、潜蚀、冲走软弱结构面中的充填物而使软弱结构面软化、摩擦阻力减小，促使岩块滑动。

（3）在某些地质条件下，如含盐地层、黏土、石膏等，遇水后饱和膨胀而产生膨胀压力。

（4）某些砂土层，由于孔隙水压力的作用导致砂土液化而向坑道内流动等。

因此，在确定围岩类别时，必须根据地下水状况（水量、水压、流通条件等）及其对不同围岩稳定性的影响，采用降级的办法加以处理。降级的原则如下。

（1）在Ⅵ类围岩或属于Ⅴ类的硬质岩石中，地下水对其稳定性影响不大，可不考虑降级。

（2）在Ⅳ类或Ⅴ类围岩中的软岩，若地下水影响岩体稳定并产生局部坍塌或软化结构面时，可降低1级。

（3）在Ⅲ类和Ⅱ类围岩中，地下水的影响较大，可降低1～2级。

（4）在Ⅰ类围岩中，分类表中已考虑了一般含水情况的影响，但对特殊含水地层，如处于饱和状态或具有较大承压水流时，需另作处理。

铁路隧道围岩分类如表10-5所示。

表10-5　铁路隧道围岩分类

类别	围岩主要工程地质条件		围岩开挖后的稳定状态（坑道跨度5m时）
	主要工程地质特征	结构特征和完整状态	
Ⅵ	硬质岩石（饱和抗压极限强度 $R_b>60$MPa）；受地质构造影响轻微，节理不发育，无软弱面（或夹层）；层状岩层为厚层，层间结合良好	呈巨块状整体结构	围岩稳定，无坍塌，可能产生岩爆
Ⅴ	硬质岩石（$R_b>30$MPa）或硬质岩石夹软质岩石；受地质构造影响较重，节理较发育，有少量软弱面（或夹层）和贯通微张节理，但其产状及组合关系不致产生滑动；层状岩层为中层或厚层，层间结合一般，很少有分离现象	呈大块状砌体结构	暴露时间长，可能会出现局部小坍塌，侧壁稳定，层间结合差的平缓岩层，顶板易坍落
	软质岩石（$R_b\approx30$MPa）；受地质构造影响轻微，节理不发育；层状岩层为厚层，层间结合良好	呈巨块状整体结构	
Ⅳ	硬质岩石（$R_b>30$MPa）或硬、软质岩石互层；受地质构造影响严重，节理发育，有层状软弱面或夹层，但其产状及组合关系尚不致产生滑动；层状岩层为薄层或中层，层间结合差，多有分离现象	呈块石、碎石状镶嵌结构	拱部无支护时可产生小坍塌，侧壁基本稳定，爆破振动过大易坍塌
	软质岩石（R_b 为5～30MPa）；受地质构造影响较重，节理较发育；层状岩层为薄层、中层或厚层，层间结合一般	层状、块状砌体结构	
Ⅲ	硬质岩石（$R_b>30$MPa）；受地质构造影响严重，节理发育；层状软弱面或夹层已基本被破坏	呈碎石状压碎结构	拱部无支护时可产生较大的坍塌，侧壁有时失去稳定
	软质岩石（R_b 为5～30MPa）；受地质构造影响严重，节理发育	呈块石碎石镶嵌结构	
	土：1. 略具压密或成岩作用的黏性土及砂类土；2. 黄土（Q_1、Q_2）；3. 一般钙质、铁质胶结的碎石、卵石、大块石土	1. 呈大块状压密结构；2. 呈巨块状整体结构	
Ⅱ	石质围岩位于挤压强烈的断裂带内，裂隙杂乱，呈石夹土或土夹石状	呈角砾碎石状松散结构	围岩易坍塌，处理不当会出现大坍塌，侧壁经常小坍塌，浅埋时易出现地表下沉（陷）或坍塌至地表
	一般为第四系的半坚硬—硬塑的黏性土及稍湿至潮湿的一般碎石、卵石、圆砾、角砾及黄土（Q_3、Q_4）	非黏性土呈松散结构、黏性土及黄土呈松软结构	
Ⅰ	石质围岩位于挤压极强烈的断裂带内，呈角砾、砂、泥松软体	呈松软结构	围岩极易坍塌变形，有水时土、砂常与水一齐拥出，浅埋时易坍塌至地表
	软塑状黏性土及潮湿的粉细砂等	黏性土呈易蠕动的松软结构，砂性土呈潮湿的松散结构	

第三节 道路与桥梁工程地质问题

道路工程是线型工程，往往要穿过许多地质条件复杂的地区和不同地貌单元，使道路的结构复杂化。在山区线路中，崩塌、滑坡、泥石流等不良地质作用都是道路的主要威胁，而地形条件又是制约线路的纵向坡度和曲率半径的重要因素。

一、道路工程地质问题

（一）路基工程主要工程地质问题

道路路基包括路堤、路堑和半路堤、半路堑等形式。在平原地区修建道路路基比较简单，工程地质问题较少，但在丘陵区，尤其是在地形起伏较大的山区修建道路时，路基工程量较大，往往需要通过高填或深挖才能满足线路最大纵向坡度的要求。因此，路基的主要工程地质问题是路基边坡稳定性问题、路基基底稳定性问题、道路冻害问题以及天然建筑材料问题等。

1. 路基边坡稳定性

路基边坡包括天然边坡、傍山线路的半填半挖路基边坡以及深路堑的人工边坡等。任何边坡都具有一定的坡度和高度，在重力作用下，边坡岩土体均处于一定的应力状态，随着边坡开挖高度的增长和坡度的加大，其应力状态也在不断改变，当坡体内切向应力大于岩土体的抗剪强度时，边坡即发生不同形式的变形与破坏，其破坏形式主要表现为滑坡、崩塌和错落。

1）土质边坡

土质边坡的变形主要决定于土的矿物成分，特别是亲水性强的黏土矿物及其含量，在地下水的作用下，黏土的膨胀使土体的强度显著降低，加速边坡的变形。影响土质边坡稳定性的因素，除受地质（成分、结构和成因类型）、水文地质和自然因素影响外，施工方法是否正确也有很大关系。如违反开挖顺序、在坡体上堆土加载、修建水池及其他建筑物、不合理开挖便道以及爆破等都能引起滑坡的形成和破坏。

2）岩质边坡

岩质边坡的变形主要决定于岩体中各种软弱结构面的性状及其组合关系，它对边坡的变形起着控制作用（图 10－5）。在人工边坡形成临空面的条件下，必须具体分析被切割的山体中各种软弱结构面可能引起滑动和切割岩体的作用，只有同时具备临空面、滑动面和切割面三个基本条件，岩质边坡的变形才有发生的可能。影响岩质边坡稳定性的主要因素是岩石性质、构造情况、岩体结构类型、水文地质条件、边坡要素及其规模以及施工条件等。此外，岩石的风化、大气降水的冲刷、地下水的渗流、温差的变化、干湿的交替、裂隙充填物的吸水膨胀等作用，坡体上的堆积加载，地震以及人类的工程活动等都能影响边坡变形的发生和发展。

2. 路基基底变形与稳定性

路基基底稳定性多发生于填方路堤地段，其主要表现形式为滑移、挤出和塌陷。一般路堤和高填路堤对路基基底的要求是要有足够的承载力，它不仅承受车辆在运营中产生的动荷载，而且还承受很大的填土压力，因此，基底土的变形性质和变形量的大小主要取决于基底土的力学性质、基底面的倾斜程度、软层或软弱结构面的性质与产状等。此外，水文地质条

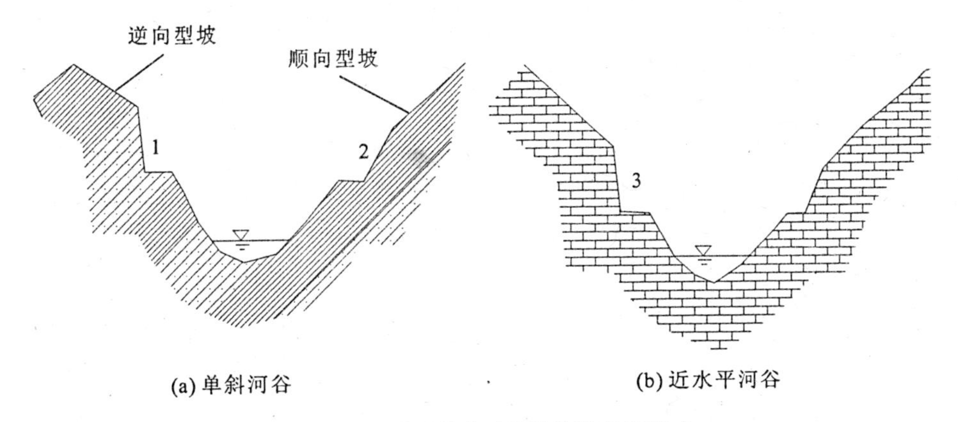

图 10－5　层面裂隙对边坡的稳定性影响

1. 有利型；2. 不利型；3. 有利型

件也是促进基底不稳定的因素，它往往使基底发生巨大的塑性变形而造成路基的破坏。如路基底下有软弱的泥质夹层，当其倾向与坡向一致时，若在其下方开挖取土或在上方填土加重，都会引起路堤整个滑移；当高填路堤通过河漫滩或阶地时，若基底下分布有饱水厚层淤泥，在高填路堤的压力下，往往使基底产生挤出变形；也有由于基底下岩溶洞穴的塌陷而引起的路堤严重变形。

路基基底若为软黏土、淤泥、泥炭、粉砂、风化泥岩或软弱夹层所组成，应结合岩土体的地质特征和水文地质条件进行稳定性分析。若不稳定，可选用下列措施进行处理：①放缓路堤边坡，扩大基底面积，使基底压力小于岩土体的允许承载力；②在通过淤泥软土地区的路堤两侧修筑反压扩道；③把基底软弱土层部分换填或在其上加垫层；④采用砂井预压排除软土中的水分，提高其强度；⑤架桥通过或改线绕避等。

3. 道路冻害

道路冻害包括冬季路基土体因冻结作用而引起路面冻胀和春季因融化作用而使路基翻浆。二者都会使路基产生变形破坏，甚至形成显著的不均匀冻胀和使路基土强度发生极大的改变，危害道路的安全和正常使用。

道路冻害具有季节性。冬季时，在负气温长期作用下，路基土中水的冻结和水的迁移作用，使土体中的水分重新分布，并平行于冻结界面而形成数层冻层，局部地段尚有冰透镜体或冰块，会使土体体积增大（约 9%）而产生路基隆起现象；春季时，地表冰层融化较早，而下层尚未解冻，融化层的水分难以下渗，致使上层土的含水量增大而软化，强度显著降低，在外荷作用下，路基会出现翻浆现象。翻浆是道路严重冻害的一种特殊现象，它不仅与冻胀有密切关系，而且与运输量的发展有关。在冻胀量相同的条件下，交通频繁的地区，其翻浆现象更为严重。翻浆对铁路影响较小，仅对公路的危害比较明显。

影响道路冻胀的主要因素有：负气温的高低、冻结期的长短、路基土层性质和含水情况、土体的成因类型及其层状结构、水文地质条件、地形特征和植被情况等。

防止道路冻害的措施有：①铺设毛细隔水材料层，以断绝补给水源；②把粉、黏粒含量较细的冻胀性土换为粗分散的砂砾石抗冻胀性土；③采用纵横盲沟和竖井，排除地表水，降低地下水位，减少路基土的含水情况；④提高路基标高；⑤修筑隔热层，防止冻结向路基深处发展等。

二、桥梁工程地质问题

桥梁由正桥、引桥和导流建筑等工程组成，正桥是主体，位于河两岸桥台之间，桥墩均位于河中；引桥是连接正桥与原线的建筑物，常位于河漫滩或阶地之上，它可以是高路堤或桥梁；导流建筑包括护岸、护坡、导流堤和丁坝等，是保护桥梁等各种建筑物稳定、不受河流冲刷破坏的附属工程。

桥墩台主要工程地质问题包括桥墩台地基稳定性、桥台的偏心受压及桥墩台地基的冲刷问题等，分述如下。

（一）桥墩台地基稳定性问题

桥墩台地基稳定性主要取决于墩台地基中岩土体的允许承载力，它是桥梁设计中最重要的力学数据之一，它对选择桥梁的基础和确定桥梁的结构型式起决定性作用，对造价影响极大，是关键性的资料。

桥墩台地基为土基时，其允许承载力的计算方法和基本原理与大型工业民用建筑物地基是相同的，但是超静定结构的大跨度桥梁，对不均匀沉降特别敏感，故其地基允许承载力必须取保守值；而岩质地基允许承载力主要决定于岩体的力学性质、结构特征以及水文地质条件，按道路工程技术规范规定，一般由岩石强度、节理间距、节理发育密度等来确定地基的允许承载力。但对断层、软弱夹层及易溶岩等，则应通过室内试验及现场原位测试等慎重确定，对风化残积层按碎石类土确定地基的允许承载力。

（二）桥台的偏心受压问题

桥台除了承受垂直压力外，还承受岸坡的侧向主动土压力，在有滑坡的情况下，还受到滑坡的水平推力，使桥台基底总是处在偏心荷载状态下。桥墩的偏心荷载，主要是由于机动车在桥梁上行驶突然中断而产生的，对桥墩台的稳定性影响很大，必须慎重考虑。

工程实践中常采用材料力学中的偏心受力公式来计算矩形平面的桥基，尤其是桥台基底的总压力。

（三）桥墩台地基的冲刷问题

桥墩和桥台的修建，使原来的河槽过水断面减小，局部增大了河水流速，改变了流态，对桥基产生强烈冲刷，有时可把河床中的松散沉积物局部或全部冲走，使桥墩台基础直接受到流水冲刷，威胁桥墩台的安全。因此，桥墩台基础的埋深，除决定于持力层的埋深与性质外，还应满足下列要求。

（1）在无冲刷处，除坚硬岩石地基外，应埋置在地面以下不小于1m处。

（2）在有冲刷处，应埋置在墩台附近最大冲刷线以下不小于表10－6规定的数值。

（3）基础建于抗冲刷较差的岩石上（如页岩、泥岩、千枚岩和泥砾岩等），应适当加深。

复习思考题

1. 如何确定地基承载力？
2. 路基与桥梁可能存在哪些工程地质问题？
3. 洞室围岩稳定性的影响因素与评价方法有哪些？

表 10－6　墩台基础在最大冲刷线以下的最小埋深

净冲刷深度（m）			<3	≥3	≥8	≥8	≥20
在最大冲刷线以下的最小埋深（m）	一般桥梁		2.0	2.5	3.0	3.5	4.0
	特大桥及其他重要桥梁	设计流量	3.0	3.5	4.0	4.5	5.0
		检算流量	按设计流量所列值再增 1/2				

注：1. 净冲刷深度是自计算冲刷的河床面算起的冲刷总深度，即一般冲刷与局部冲刷之和（据《铁路工程地质手册》，略有修改）；

2. 最大冲刷深度可按 300 年一遇最高洪水位深度的 40％计算。

主要参考文献

GB 50007—2002 建筑地基基础设计规范[S]. 北京:中国建筑工业出版社,2002.
GB 50011—2001 建筑抗震设计规范[S]. 北京:中国建筑工业出版社,2002.
GB 50021—2001 岩土工程勘察规范[S]. 北京:中国建筑工业出版社,2002.
GB 50218—1994 工程岩体分级标准[S]. 北京:中国计划出版社,1995.
GB J145—1990 土的分类标准[S]. 北京:中国建筑工业出版社,2001.
长春地质学院. 中小型水利水电工程地质[M]. 北京:中国水利电力出版社,1978.
长江流域规划办公室. 岩石坝基工程地质[M]. 北京:中国水利电力出版社,1982.
常士骠,张苏民. 工程地质手册[M]. 北京:中国建筑工业出版社,2007.
陈洪江. 土木工程地质[M]. 北京:中国建材工业出版社,2005.
成都地质学院. 工程地质勘察[M]. 北京:地质出版社,1980.
戴文亭. 土木工程地质[M]. 武汉:华中科技大学出版社,2006.
窦明健. 公路工程地质(第3版)[M]. 北京:人民交通出版社,2003.
丰定国,王社良. 抗震结构设计[M]. 武汉:武汉理工大学出版社,2003.
JTJ 064—2002 公路工程地质勘察规范. 中华人民共和国行业标准[S]. 北京:人民交通出版社,2003.
黄运飞,冯静. 计算工程地质学——理论·程序·实例[M]. 北京:兵器工业出版社,1992.
孔思丽. 工程地质学[M]. 重庆:重庆大学出版社,2005.
孔宪立. 工程地质学[M]. 北京:中国建筑工业出版社,2001.
李斌. 公路工程地质[M]. 北京:人民交通出版社,1995.
李辉,杨振宏. 工程地质与水文地质[M]. 西安:陕西科学技术出版社,2001.
李淑达. 动力地质学原理[M]. 北京:地质出版社,1983.
李智毅,土智济,杨裕云. 工程地质学基础[M]. 武汉:中国地质大学出版社,1990.
李中林,李子生. 土木工程地质学[M]. 广州:华南理工大学出版社,1999.
李忠,曲力群,于萧. 工程地质概论[M]. 北京:中国铁道出版社,2005.
刘红军,张秀华. 工程地质学[M]. 哈尔滨:东北林业大学出版社,2004.
刘忠玉. 工程地质学[M]. 北京:中国电力出版社,2007.
南昌水利水电专科学校,武汉水利电力学院. 工程地质与水文地质[M]. 北京:中国水利电力出版社,1992.
齐丽云,徐秀华. 工程地质[M]. 北京:人民交通出版社,2003.
戚筱俊. 工程地质及水文地质(第2版)[M]. 北京:中国水利水电出版社,1997.
邵艳. 工程地质[M]. 合肥:合肥工业大学出版社,2006.
时伟. 工程地质学[M]. 北京:科学出版社,2007.
宋青春,邱维理,张振春,等. 地质学基础[M]. 北京:高等教育出版社,1995.
水利电力部规划设计局. 水利水电工程地质勘察经验选编[M]. 北京:中国水利电力出版社,1970.
水利电力部水电规划院. 水利水电工程地质手册[M]. 北京:中国水利电力出版社,1985.
孙家齐,陈新民. 工程地质学(第3版)[M]. 武汉:武汉理工大学出版社,2007.
陶晓风,吴德超. 普通地质学[M]. 北京:科学出版社,2007.
天津大学. 水利工程地质(第2版)[M]. 北京:中国水利电力出版社,1985.
王贵荣. 岩土工程勘察[M]. 西安:西北工业大学出版社,2007.

吴绍宽. 工程地质与水文地质(第 2 版)[M]. 北京:中国水利电力出版社,1993.
武汉水利电力大学. 工程地质学[M]. 北京:中国水利水电出版社,1995.
徐开礼,朱志澄. 构造地质学[M]. 北京:地质出版社,1989.
GB/T 50279—1998 岩土工程基本术语标准. 中华人民共和国国家标准[S]. 北京:中国计划出版社,1998.
杨金汉. 工程地质学[M]. 香港:新兴图书公司,1979.
张倬元,王士天,王兰生. 工程地质分析原理[M]. 北京:地质出版社,1994.
张咸恭,王思敬,李智毅. 工程地质学概论[M]. 北京:地震出版社,2005.
张咸恭,王思敬,张倬元. 中国工程地质学[M]. 北京:科学出版社,2000.
张耀庭,虞海珍,陈洪江. 土木工程:工程地质学[M]. 武汉:华中科技大学出版社,2002.
朱建德. 地质与土质实习实验指导[M]. 北京:人民交通出版社,2000.
左建,温庆博. 工程地质及水文地质[M]. 北京:中国水利水电出版社,2004.
藏秀平. 工程地质[M]. 北京:高等教育出版社,2006.

图书在版编目(CIP)数据

工程地质认识与分析/黄治云，刘鸿燕，王明秋，裴灵编．—武汉：中国地质大学出版社有限责任公司，2013.10(2016.1重印)
ISBN 978-7-5625-3238-5

Ⅰ.①工…
Ⅱ.①黄…②刘…③王…④裴…
Ⅲ.①工程地质-研究
Ⅳ.①P642

中国版本图书馆CIP数据核字(2013)第205105号

工程地质认识与分析　　黄治云　刘鸿燕　王明秋　裴　灵　编

责任编辑：高婕妤　张　琰　　责任校对：戴　莹

出版发行：中国地质大学出版社有限责任公司(武汉市洪山区鲁磨路388号)　邮政编码：430074
电话：(027)67883511　传真：(027)67883580　E-mail:cbb @ cug.edu.cn
经　销：全国新华书店　http://www.cugp.cug.edu.cn

开本：787毫米×1 092毫米 1/16　字数：262千字　印张：10.25
版次：2013年10月第1版　印次：2016年1月第2次印刷
印刷：荆州鸿盛印务有限公司　印数：1 001—2 000册

ISBN 978-7-5625-3238-5　定价：32.00元